油茶产业应用技术丛书

油茶栽培品种应用技术

谭晓风　袁　军　刘繁灯　编著

中国林業出版社
China Forestry Publishing House

图书在版编目(CIP)数据

油茶栽培品种应用技术 / 谭晓风, 袁军, 刘繁灯编著. -- 北京 : 中国林业出版社, 2020.9
（油茶产业应用技术丛书）
ISBN 978-7-5219-0797-1

Ⅰ. ①油… Ⅱ. ①谭… ②袁… ③刘… Ⅲ. ①油茶—品种 Ⅳ. ①S794.404

中国版本图书馆CIP数据核字（2020）第175178号

中国林业出版社·自然保护分社（国家公园分社）
策划编辑：刘家玲
责任编辑：刘家玲　宋博洋

出版　中国林业出版社（100009　北京市西城区德内大街刘海胡同 7 号）
http://www.forestry.gov.cn/lycb.html　电话：（010）83143519　83143625
发行　中国林业出版社
印刷　河北京平诚乾印刷有限公司
版次　2020 年 12 月第 1 版
印次　2020 年 12 月第 1 次印刷
开本　889mm × 1194mm　1/32
印张　5.25
字数　145 千字
定价　35.00 元

《油茶产业应用技术丛书》编写委员会

序言一

Foreword

油茶原产中国，是最重要的食用油料树种，在中国有2300年以上的栽培利用历史，主要分布于秦岭、淮河以南的南方各省（自治区、直辖市）。茶油是联合国粮农组织推荐的世界上最优质的食用植物油，长期食用茶油有利于提高人的身体素质和健康水平。

中国食用油自给率不足40%，食用油料资源严重短缺，而发展被列为国家大宗木本油料作物的油茶，是党中央国务院缓解我国食用油料短缺问题的重点战略决策。2009年国务院制定并颁发了中华人民共和国成立以来的第一个单一树种的产业发展规划——《全国油茶产业发展规划（2009—2020）》。利用油茶适应性强、是南方丘陵山区红壤酸土区先锋造林树种的特点，在特困地区的精准扶贫和乡村振兴中发挥了重要作用。

湖南位于我国油茶的核心产区，油茶栽培面积、茶油产量和产值均占全国三分之一或三分之一以上，均居全国第一位。湖南发展油茶产业具有优越的自然条件和社会经济基础，湖南省委省政府已经将油茶产业列为湖南重点发展的千亿元支柱产业之一。湖南有食用茶油的悠久传统和独具特色的饮食文化，湖南油茶已经成为国内外知名品牌。

为进一步提升湖南油茶产业的发展水平，湖南省油茶产业协会组织编写了《油茶产业应用技术》丛书。丛书针对油茶产业发展的实际需求，内容涉及油茶品种选择使用、采穗圃建设、良种育苗、优质丰产栽培、病虫害防控、生态经营、产品加工利用等油茶产业链条各生产环节的各种技术问题，实用性强。该套技术丛书的出版发行，不仅对湖南省油茶产业发展具有重要的指导作用，对其他油茶产区的油茶产业发展同样具有重要的参考借鉴作用。

该套丛书由国内著名的油茶专家进行编写，内容丰富，文字通俗易懂，图文并茂，示范操作性强，是广大油茶种植大户、基层专业技术人员的重要技术手册，也适合作为基层油茶产业技术培训的教材。

愿该套丛书成为广大农民致富和乡村振兴的好帮手。

张守攻

中国工程院院士

2020年4月26日

序言二

Foreword

习近平总书记高度重视油茶产业发展，多次提出："茶油是个好东西，我在福建时就推广过，要大力发展好油茶产业。"总书记的殷殷嘱托为油茶产业发展指明了方向，提供了遵循的原则。湖南是我国油茶主产区。近年来，湖南省委省政府将油茶产业确定为助推脱贫攻坚和实施乡村振兴的支柱产业，采取一系列扶持措施，推动油茶产业实现跨越式发展。全省现有油茶林总面积 2169.8 万亩，茶油年产量 26.3 万吨，年产值 471.6 亿元，油茶林面积、茶油年产量、产业年产值均居全国首位。

油茶产业的高质量发展离不开科技创新驱动。多年来，我省广大科技工作者勤勉工作，孜孜不倦，在油茶良种选育、苗木培育、丰产栽培、精深加工、机械装备等全产业链技术研究上取得了丰硕成果，培育了一批新品种，研发了一批新技术，油茶科技成果获得国家科技进步二等奖 3 项，"中国油茶科创谷"、省部共建木本油料资源利用国家重点实验室等国家级科研平台先后落户湖南，为推动全省油茶蓬勃发展提供了有力的科技支撑。

加强科研成果转化应用，提高林农生产经营水平，是实现油茶高产高效的关键举措。为此，省林业局委托省油茶产业协会组织专家编写了这套《油茶产业应用技术》丛书。该丛书总结了多年实践经验，吸纳了最新科技成果，从品种选育、丰产栽培、低产改造、灾害防控、加工利用等多个方面全面介绍了油茶实用技术。丛书内容丰富，针对性和实践性都很强，具有图文并茂、以图释义的阅读效果，特别适合基层林业工作者和油茶生产经营者阅读，对油茶生产经营极具参考价值。

希望广大读者深入贯彻习近平生态文明思想，牢固树立“绿水青山就是金山银山”的理念，真正学好用好这套丛书，加强油茶科研创新和技术推广，不断提升油茶经营技术水平，把论文写在大地上，把成果留在林农家，稳步将湖南油茶产业打造成为千亿级的优质产业，为维护粮油安全、助力脱贫攻坚、助推乡村振兴作出更大的贡献。

胡长清

湖南省林业局局长

2020年7月

前　言

Preface

湖南位于我国的油茶核心产区，是全国油茶产业第一大省，具有独特的土壤气候条件、丰富的油茶种质资源、最大的油茶栽培面积和悠久的油茶栽培利用历史。油茶产业是湖南的优势特色产业，湖南省委、省政府和湖南省林业局历来非常重视油茶产业发展，正在打造油茶千亿元产业，这是湖南油茶产业发展的一次难得的历史机遇。

我国油茶产业尚处于现代产业的早期发展阶段，仍具有传统农业的产业特征，需要一定时间向现代油茶产业过渡。油茶具有很多非常特殊的生物学特性和生态习性，种植油茶需要系统的技术支撑和必要的园艺化管理措施。2009年《全国油茶产业发展规划（2009—2020）》实施以来，湖南和全国南方各地掀起了大规模发展油茶产业的热潮，经过10多年的努力，油茶产业已奠定了一定的现代化产业发展基础，取得了不俗的成绩；但由于根深蒂固的“人种天养”错误意识、系统技术指导的相对缺乏和盲目扩大种植规模，也造成了一大批的“新造油茶低产林”，各地油茶大型企业和种植大户反应强烈。

为适应当前油茶产业健康发展的需要，引导油茶产业由传统的粗放型向现代的集约型方向发展，满足广大油茶从业人员对油茶产业应用技术的迫切要求，湖南省油茶产业协会于2019年9月召开了第二届理事会第二次会长工作会议，研究决定编写出版《油茶产业应用技术》丛书，分别由湖南省长期从事油茶科研和产业技术指导的专家承担编写品种选择、采穗圃建设、良种育苗、种植抚育、修剪、施肥、生态经营、低产林改造、病虫害防控、林下经济、产品加工、茶油健康等分册的相关任务。

本套丛书是在充分吸收国内外现有油茶栽培利用技术成果的基础上编写的，涉及油茶产业的各个生产环节和技术内容，具有很强的实用性和可操作性。丛书适用于从事油茶产业工作的技术人员、管理干部、种植大户、科研人员等阅读，也适合作为油茶技术培训的教材。丛书图文并茂，通俗易懂，高中以上学历的普通读者均可顺利阅读。

中国工程院院士张守攻先生、湖南省林业局局长胡长清先生为本套丛书撰写了序言，谨表谢忱！

本套丛书属初次编写出版，参编人员众多，时间仓促，错误和不当之处在所难免，敬请各位读者指正。

湖南省油茶产业协会

2020年7月16日

目 录

contents

第一章

油茶品种概说

一、什么是油茶

油茶，俗称茶子树，又称茶油树、山茶，古称员木、楂、楂木、槎、樫、樫子、�、探、探子、茶、南山茶，是山茶属植物中最具有生产价值的油用树种。广义上的油茶是指山茶属植物中可以利用种子制取食用植物油的所有物种的统称，即油茶树种；狭义的油茶特指我国栽培最广的普通油茶，即油茶这一物种。

油茶原产我国，在我国有2300年以上的利用历史，是我国栽培面积最广、产量最大、油质最好的食用油料树种。油茶与油橄榄、油棕、椰子被誉为全球四大木本油料树种。现有的油料植物中，以茶油和橄榄油的食用品质最佳，是世界上最优质的食用植物油，是联合国粮农组织推荐的优质、健康食用油脂。茶油除食用外，还广泛用于消炎（肿）、照明、护肤、护发、除菌等。我国民间还流传着非常丰富的与油茶相关的精彩历史故事或传说。

新中国成立以来，党和政府非常重视油茶产业发展。我国食用植物油供应和耕地资源均呈刚性短缺状态，利用丘陵山地发展以油茶为代表的木本油料是党中央、国务院的重大战略决策。特别是2009年国务院制定并颁发了我国第一个单一树种的产业发展规划——《全国油茶产业发展规划（2009—2020）》；2016年油茶又被列为国家大宗油料作物，并列入国家精准扶贫产业发展的主要树种，标志着油茶产业上升为国家粮油安全战略、国家精准扶贫和乡村振兴行动，是由国家倡导并积极推动的朝阳产业。近年来，油茶产业在南方丘陵山区特困地区的精准扶贫中做出了重要贡献，也必将为国家的食用植物油安全和国民健康做出贡献。

二、油茶的分布

（一）油茶的水平自然分布

秦岭、淮河以南和青藏高原以东的我国南方各省，南北分布约在北纬18°21′~34°34′之间，东西分布在东经98°40′~121°40′之间；包括湖南、江西、广西、贵州、广东、福建、浙江、云南、安徽、湖北、重庆、海南、台湾的全部地区，河南、陕西、甘肃、江苏、四川的南部地区；核心分布区为浙赣线以南，武夷山以西，武陵山以东，桂林以北的地理区域。

（二）油茶的垂直自然分布

从中国东部地区海拔100m以下的低山丘陵到西部海拔2200m以上的云贵高原的广大地域均有分布，但以东南部500m以下的丘陵山地栽培分布最多、生长结实最好。普通油茶最适生长区为湖南、江西中南部和广西北部的低山丘陵地区，越南油茶的最适生区域为广西和广东的南部、海南全境。

（三）油茶的栽培分布

到2018年为止，全国油茶栽培面积达6500多万亩[①]，以湖南（约2110万亩）、江西（约1500万亩）和广西（约750万亩）3个省（自治区）的栽培面积最大，占全国油茶栽培面积的68%，为我国油茶的核心栽培区。其次为贵州、广东、福建、浙江、云南、安徽、湖北、重庆、

①1亩=1/15hm^2，下同。

河南等地，四川、陕西、甘肃、台湾、江苏等地亦有少量栽培，海南（主要是越南油茶物种）近年来油茶产业发展较快。

（四）油茶适生的生态环境

油茶属喜光树种，但苗期和幼林期比较耐阴。在阳坡等阳光充足的地方，油茶生长良好，产果量大，种子含油率高；在阴坡等阳光不足的地方，油茶枝梢生长旺盛，但结果少，种子含油率低。

油茶喜温暖，但有较强的抗寒能力。油茶适合生长在年平均气温16～18℃的亚热带地区，花期适宜平均气温为12～13℃。秋季、初冬和晚春的突然低温或晚霜可能会造成油茶新梢冻害和落花；但油茶幼果对低温的抵抗能力非常强，一旦幼果形成，即使是非常寒冷的天气和严酷的冰冻天气都不会造成油茶幼果的冻坏或落果，更不会造成油茶树体冻死。

油茶具有耐干旱、耐瘠薄的优良生态适应性，生态适应能力非常强。油茶通常生长在年降水量超过1000mm的地域，但湖南、江西核心产区年降雨量分配严重不均，春季和初夏多雨，仲夏高温、干旱，油茶在特别干旱地区仍然生长结实良好。南方丘陵红壤地区土壤有机质含量极低，富铝化严重，有效磷素严重缺乏，土壤瘠薄，大多数植物无法生长。但油茶具有利用该类土壤结合态铝磷和铁磷的生态功能，满足油茶对磷的需求，而且具有解铝毒的功能，在体内积累大量从土壤中吸收积累的铝元素也不至中毒。

油茶喜酸性，在pH值4.5～6.5的酸性红壤上生长最好。

三、油茶的栽培物种

山茶属中的油茶组、短柱茶组、红山茶组、糙果茶组、原始山茶组的全部物种（约100个物种）均可作为食用植物油资源。有人工栽培的主要油茶栽培物种有以下几种。

（一）油茶（*Camellia oleifera* Abel）

又名普通油茶，油茶组物种。常绿灌木或小乔木，树皮黄褐色，嫩枝稍有毛；芽具鳞片；单叶互生，革质具柄；芽具鳞片，密被银灰色丝毛；花顶生或腋生，白色；子房被毛，柱头3～5裂；蒴果球形、卵形、橘形等；种子黑色或黄褐色；种子含油率30%以上。原产我国，自然分布于广西南宁以北、秦岭淮河以南的广大区域，是我国栽培面积最大的油茶物种，占油茶总面积的95%以上。

（二）单籽油茶（*Camellia oleifera* Abel var. *monosperma*）

油茶变种，又名小果油茶、小叶油茶、江西子、小茶、鸡心子，短柱茶组物种。常绿灌木或小乔木；叶片小而多，椭圆形，锯齿浅；花顶生或腋生，白色；蒴果，果小，果皮很薄，每个果实有种子1～3粒，种子含油率20.5%～31.6%。原产我国，主要栽培分布于福建中南部、江西西部和南部、湖南东北部和南部、贵州东部和广西北部等地区，特别是在福建西南部有大面积栽培。

（三）越南油茶（*C. vietnamenisis* Huang）

又名高州油茶、华南油茶、陆川油茶，油茶组物种。常绿乔木，树皮灰褐色；小枝粗壮，嫩枝有毛；芽具鳞片，表面有毛；叶大，边缘有细浅锯齿，背面主脉隆起；花白色，顶生或腋生；子房被毛，花柱3～5裂；蒴果球形或梨形，红色或黄色，果皮较厚；每个果实种子

6～15粒，种仁含油率30%～35%；种子黑色。原产我国南亚热带和越南、泰国、缅甸北部，在我国广东、广西南部、海南有较大面积栽培，在越南和泰国北部有少量栽培。

（四）滇山茶（*C. reticulata* Lindl.）

又名腾冲红花油茶，红山茶组物种。常绿乔木，嫩枝粗壮，无毛；单叶互生，椭圆形或卵状披针形，边缘具细锯齿；花腋生或近顶生，单生或2～3朵簇生，浅红至紫红色；外轮雄蕊花丝下半部合生；子房球形，密被白色绒毛；蒴果球形或扁球形；种子褐色；种子含油率多数在25%～33%之间。原产我国云南、贵州西部、四川西南部，在云南有较大面积栽培。

（五）南山茶（*C. semiserrata* Chi）

又名广宁油茶、广宁红花油茶、华南红花油茶，红山茶组物种。常绿小乔木，嫩枝无毛；叶片椭圆形或长圆形，长9～15cm，宽3～6cm；大花，直径7～9cm，红色，艳丽；蒴果卵球形，超大果，直径4～8cm；种子也大，果皮特别厚，为1～2cm，出籽率低。原产广东西南部及广西东南部，有较大面积的人工栽培。

（六）多齿红山茶（*C. polyodonta* How ex Hu）

又名宛田红花油茶，红山茶组物种。常绿小乔木，小枝粗短；单叶互生，长椭圆形，叶缘锯齿密集且分布均匀；花深红色，杯状，2～4月开放，花色美丽；蒴果球形或梨形，红黄色，单果重30～120g，果内有种子9～16粒，种仁含油率30%左右。原产广西，湖南、江西等地有引种栽培。

（七）浙江红山茶（*C. chekiangoleosa* Hu）

又名浙江红花油茶，红山茶组物种。常绿小乔木；叶革质，椭圆形或倒卵状椭圆形，中上部有锯齿，两面无毛；花红色，顶生或腋生单花；外轮雄蕊花丝基部连生并和花瓣合生为筒状；子房无毛，花柱先端3～5裂；蒴果卵球形，红色；种仁含油率50%～60%。原产我国浙江西南部、福建东北部、江西东部和西部、湖南东部和南部，自然垂直分布在600～1200m，呈间断性不连续分布，浙江、江西、湖南有少量人工栽培。

（八）攸县油茶（*C. grijsii* Hance）

又名闽鄂山茶、长瓣短柱茶、芳香短柱茶、薄壳香油茶，短柱茶组物种。常绿灌木，树皮光滑，黄褐色或灰白色；树冠狭窄，分支角度小；叶椭圆形或卵状椭圆形，多下垂，边缘锯齿细密尖锐，叶背具散生的黑色腺点；芽小，鳞片质硬；花白色，有芳香味，顶生或腋生；雄蕊多数，基部连生或部分分离；子房密生绒毛；蒴果球形或半球形，麻褐色，附粉末，无光泽，果皮极薄；每果含种子2～5粒，黑褐色，种仁含油率达60%。湖南有少量人工栽培。

四、油茶的栽培品种类群

油茶品种类群（或品种群）是对油茶这一特定经济树种具有相似特征特性的一批品种的统称，是介于种和品种（含品系和自然类型）之间的种质称谓。油茶品种类型非常丰富，划分品种类群有利于实施对品种类型的综合管理和栽培利用。同一品种群的品种不仅具有比较相近的形态特征和生物学特性，而且往往具有比较一致的栽培特性和产品利用特性。可以根据果实的大小、颜色、成熟期、抗逆性能、地理区域等划分不同的油茶品种类群。

（一）根据油茶果实的大小划分油茶品种类群

根据油茶果实的大小可划分为四大品种类群。

（1）小果品种群：单个果实重量小于20g的油茶品种。

（2）中果品种群：单个果实重量大于20g而小于40g的油茶品种。

（3）大果品种群：单个果实重量大于40g而小于60g的油茶品种。

（4）超大果品种群：单个果实重量大于60g的油茶品种。

（二）根据普通油茶果实成熟期的差异划分油茶品种类群

根据普通油茶果实成熟期的差异，可将普通油茶品种和类型主要划分为三大品种群。

1. 寒露籽品种群

树冠小，树姿直立，叶小而密，小果，每果种子1～3粒，10月上、中旬开花，寒露节前后种子成熟，如‘铁城1号’。

2. 霜降籽品种群

树冠较大，树姿较开张，叶大较厚，中果或大果，每果种子4～7粒或更多，10月下旬开花，霜降节前后种子成熟，如‘华鑫’。

3. 立冬籽品种群

通常树冠大，树姿开张，叶大而稀，大果或超大果，每果种子7～10粒甚至更多，12月开花，立冬节前后种子成熟，如‘华硕’。

现有油茶栽培品种中，以霜降籽品种类型最多，寒露籽和立冬籽次之，许多品种的成熟期居于两者之间，如‘华金’的成熟期居于寒露籽和霜降籽之间，‘XLC15’的成熟期居于霜降籽与立冬籽之间。

油茶种子成熟的标志是果实开裂，种子变黑，油光发亮。成熟的种子含油率高，品质好。确定油茶品种的品种类群，适时采收，有利于丰产丰收和茶油品质的提升。

五、油茶的栽培品种

油茶栽培品种是指具有来源相同、特有性状一致、以一定繁殖方式能保持遗传特性稳定、具有较高经济利用价值，经过正常育种程序培育并通过相关部门审定（或认定）的一群栽培植物，是一类可直接应用于油茶产业发展的经济林种质资源。国家对主要林木实行品种审定制度，主要林木品种在推广前应当通过国家级或省级审定，通过国家级或省级审定的林木良种可以在全国适宜的生态区域或省级审定的本行政区域内适宜的生态区域推广。

所有申请审定的林木品种应当符合特异性、一致性、稳定性的要求。品种的特异性是指一个植物品种有一个以上性状明显区别于已知品种；品种的一致性是指一个植物品种的特性除可预期的自然变异外，群体内个体间相关的特征或者特性表现一致；品种的稳定性是指一个植物品种经过反复繁殖后或者在特定繁殖周期结束时，其主要性状保持不变。

申请审定的林木品种还必须进行区域化试验。品种的区域性是指具有品种的生物学特性适宜在一定生态和栽培条件下进行栽培，如某一品种只适合在中亚热带栽培，另一品种可能只适合在南亚热带栽培，还有的品种可能只适合在高海拔地区栽培。

品种是栽培植物特有的概念，品种名称的表示通常须加单引号。品种在植物分类学上有特定的归属，如油茶新品种‘华硕’，其植物学学名为：*Camellia oleifera* ‘Huashuo’。

20世纪70年代以来，全国开始了油茶良种选育的研究工作，到目前为止，通过国家和省级审（认）定的油茶优良品种约420个，其中国家级审定油茶品种76个。国家级审定和省级审定品种均有相应的良种编号，如‘华金’的良种编号为国S-SC-CO-010-2009，其中国S表示国家审定，SC表示为无性系品种，CO表示油茶物种（是属名和种名的第一个字母大写），010表示当年审定品种序号，2009表示品种审定年份；又如‘衡东大桃2号’的良种编号为湘S-SC-003-2012，为湖南省2012年审定的油茶无性系品种；还如‘海油1号’的良种编号为琼R-SC-CV-004-2016，为海南省认定（R表示认定）的越南油茶无性系品种。认定品种都有使用年限，一般为3～5年，到期如没有通过审定，则该品种不能继续推广应用。

2017年，国家林业局（现国家林业和草原局，下同）对原有审定的油茶品种进行了一次筛选优化，确定了120个优化栽培品种，但还是过多，不便于有效的推广应用，有必要进行进一步优化精简。目前全国推广应用的主要油茶优良品种系列有：‘华’字系列品种、‘长林’系列品种、‘湘林’系列品种、‘赣无’系列品种、‘岑软’系列品种和‘赣州油’系列品种等。

六、为什么要选择使用油茶栽培品种

我国已经选育出众多的经过审定的油茶栽培品种，而且还进行了新一轮的品种优化，为什么还要有选择地使用这些油茶良种呢？

（一）油茶产业投资期和受益期长，品种不当永受害

农作物的种植一般是一年1代，或一年2～3代（如水稻），如果品种使用不当，投入相对较少，造成的损失最多只影响当年的收益，更

换其他品种很容易也很快。油茶苗期2年，栽后7～8年才进入盛产期，盛产期后可以持续受益60年以上，甚至100年以上，前期投入大，投入时间长，如果品种选择使用不当，即使进行品种更换也至少需要8年以上，经济损失巨大，而且持续时间很长，涉及以后数十年或上百年以及几代人的长期经济利益，更会影响广大林农发展油茶产业的积极性。所以正确选择油茶栽培品种比一般农作物的选择品种更重要，而且是重要得多，必须引起油茶产业界的高度重视，**种植油茶种为先**。

（二）油茶栽培品种众多，良莠不齐要筛选

目前国家级和省级审定的油茶品种超过420个，仅湖南省就达82个，江西省66个，广西壮族自治区29个。2017年经国家林业局优化以后推荐的主要栽培品种还有120个，其中核心产区的湖南省共14个，江西省25个，广西壮族自治区9个；非核心产区的浙江省12个，广东省16个，湖北省11个，贵州省15个，海南省9个，等等。不同品种的丰产性能和稳产性在不同的区域表现出良莠不齐的现象，很多品种没能完成严格的区域化试验，开展区域化试验的时间不足、布点不全，一些省份认定的品种很多，没有足够的大面积试验证明在一些地方的丰产性能，有必要加以正确选择使用，保障新造林的良种化水平和丰产稳产性能，**良种使用质为本**。

（三）油茶栽培品种存在特性差异，因地制宜选良种

不同的油茶品种对生态环境条件的要求、抗逆性能、授粉品种的配置、生长发育等特性都存在一定或者很大的差异，如果在当地没有开展区域化试验或开展一定面积的栽培试验，在确认相关品种在当地

具有丰产和稳产性能之前，相关品种是不宜在当地进行大面积的推广种植的，必须牢记适地适树适品种。

（四）大型油茶种植企业需要合理安排工作，早熟晚熟要搭配

成片种植数千亩、上万亩的大型油茶种植企业，必须考虑茶果采收季节的人工采摘和机械采收的劳动力和机械化的合理安排，需要配置成熟期不同的主栽品种和适合机械化采摘的大果油茶品种，大型企业配品种。

（五）营造特殊用途加工产品油茶林分，良种使用求特异

油茶的经济用途比较广泛，不同的经济用途和不同目的经营的油茶林分需要选用不同的油茶主栽品种，如营造专用于化妆品制作的油茶林分，必须选择油酸含量特别高的普通油茶品种或部分红花油茶品种，即特殊用途特品种。

七、如何选择使用油茶主要栽培品种

如何选择使用油茶栽培品种，必须遵循一定基本原则，以保障油茶产业特别是油茶种植业健康发展。

（一）选择使用经国家林业和草原局推荐的优化油茶栽培品种

油茶栽培品种的使用首先要遵循的原则是：必须从国家级和省级审定油茶品种并经优化后的120个品种中选取，相对而言，这些品种经过了反复筛选和试验验证（有相当部分品种特别是认定品种还有待进

一步验证），而且培育苗木的手续齐全。

（二）选择使用在当地有较大面积栽培且表现优良的油茶栽培品种

考虑到油茶栽培品种有一定的适生区域，必须选择在当地经过区域化试验或有较大面积栽培且具有优质、丰产、稳产、抗逆性能较强的油茶主要栽培品种，要眼见为实，不盲从、不迷信、不顾人情面子，以油茶产量和经济效益优先。

（三）选择使用典型性状容易识别、不易混淆的油茶栽培品种

为避免购买使用假冒伪劣的油茶品种苗木，必须选择产量高、品质好、稳产性能好、抗逆能力较强且具有典型识别特征、容易识别、不易混淆的油茶主栽品种和良种苗木；对于典型性状不明显且无法辨认的品种不宜选择使用，以免造成不必要的长期重大损失。

（四）选择使用适合机械化作业的油茶栽培品种

随着农村青壮年劳动力向城市转移，劳动力成本的不断提升，油茶产业基地作业的机械化将逐步推进，而且机械化进程将逐步加快。油茶又是投资期长和受益期长的树种，所以选择适应于机械化作业的品种将是实现油茶产业现代化的最重要技术措施。选择使用大果或超大果油茶品种有利于降低劳动力成本，更有利于机械化采收，提高油茶产业的经济效益，并且长期受益。

（五）选择搭配使用适于分段采收的油茶栽培品种

经营数千亩、上万亩油茶林的大型油茶种植企业，必须考虑成熟期不一致的品种搭配，如霜降籽品种与立冬籽品种的比例搭配，这有利于大面积油茶林地的经营管理和分阶段、分批次的有序采收，有利于合理安排劳动力和机械作业，也有利于油茶林的病虫害防控。

（六）选择使用有特殊用途的油茶栽培品种或物种

油茶浑身是宝，具有多方面的经济用途，以不同经济用途为目的的油茶林分宜选择使用不同的油茶品种，如以化妆品制作为主要用途的油茶林，就应该选择高油酸含量的普通油茶栽培品种或红花油茶类品种。

第二章

湖南省油茶主要栽培品种

一、‘华’字系列主栽品种

‘华’字系列品种包括‘华金’‘华鑫’和‘华硕’等3个品种，俗称“三华”，均为中南林业科技大学选育的油茶主要栽培品种。

（一）‘华金’

1. 品种学名与品种来源

品种学名：*Camellia oleifera*‘Huajin’

别名或原初编号：茶陵76-6

品种审定编号：国S-SC-CO-010-2009。

品种来源：原株产自湖南省茶陵县。

2. 主要植物学特征

树高约3.0m，树冠直径约2.5m，树姿直立，树冠紧凑，近圆柱形；树干粗壮，骨干枝多，分枝角度小，小枝密集，较粗壮；叶片椭圆形，深绿色，中部或中上部最宽，成熟叶片较平展，新叶两侧明显内扣且叶面有光泽，秋梢嫩叶酒红色，肉质感强，侧脉5～7对，叶基部楔形，叶缘细锯齿或钝锯齿，叶尖渐尖；叶平均长62.98mm，叶平均宽30.65mm，叶形指数2.05，平均厚度0.47mm，叶平均面积13.51cm^2，百叶重65.82g；花白色，花冠平展，花瓣5～8瓣，倒卵形，先端凹缺，雄蕊开张，雄蕊数平均174个，花丝分散，柱头4～5裂，裂位上部，花期10月下旬到12月上旬；果实梨形，平均横径44.12mm，平均纵径47.91mm，果形指数0.92，果皮青绿色，表面光滑，裂果，果顶多为3条凹槽似“人”字形或4条凹槽，成熟时自然开裂、落籽、落果。

3. 典型识别特征

树姿直立，树冠紧凑，枝叶浓密，叶片椭圆形；果实梨形，果皮绿色，果柄部略带红色；成熟时果皮变为黄绿色，果顶多为3条凹槽似“人”字形。

4. 主要经济性状

大果类型，平均单果重48.8g，果皮厚度4.79mm，子房室数多为3或4，单果籽粒数平均为5.2粒，种子百粒重301.40g，鲜果出籽率38.67%，干出籽率63.25%，干籽出仁率62.04%，干仁含油率50.30%，干籽出油率31.21，鲜果含油率7.63%。种子油的油酸含量83.09%，亚油酸含量6.46%，亚麻酸含量0.73%，棕榈酸含量7.64%，硬脂酸含量2.08%。

5. 栽培技术要点

（1）幼树和成龄树生长势都特别强，抽梢（发枝）能力特别强，速生，物候早，每年度的各种抚育管理措施的实施要较其他品种早，特别是穗条采集、嫁接育苗工作要优先安排。

（2）主干明显，枝叶浓密，2年生宜实施整形修剪，剪去脚枝，合理配置骨干枝，适当拉枝，培养主干树形，方便人工作业，适合机械作业。

（3）造林密度为82株/亩，宽窄行交互配置，不同品种2行交互配置，宽行两边使用同一品种，行距4.0m和2.5m，株距2.5m；必须配置授粉品种‘华鑫’（‘华金’‘华鑫’互为授粉品种）。

（4）一般栽后第三年可开花结实，少数栽后第二年就可开花结实，第七年进入盛果期，应尽量摘除幼树的花芽和幼果，控制前4年的营养生长，保障树冠正常形成。

（5）该品种结实能力强，盛产期单株产果量可达13～20kg，最多可产30kg以上。尽可能控制成龄树单株产量不超过15kg，可保障连年丰产稳产；由于产量高，消耗大，要适时平衡施肥，保障营养供给。

（6）果熟期为10月20日前后，大果，容易裂果、落果。适合自然落籽采收，人工采收成本较低，并适合机械化采收。

（7）抗旱、抗寒、抗炭疽病和抗软腐病能力强。可在不同的生态类型地域发展。

6. 适生栽培区域

最适栽培区为湖南省全境和江西省全境。

该品种在广西桂林、柳州，广东韶关，湖北黄梅、钟祥，河南信阳，贵州铜仁、黔东南等地均有较大面积栽培，均生长结实良好，适宜在这些地区推广应用。

图2-1 ‘华金’幼树树形和成龄树树形

图2–2　‘华金’枝芽

图2-3 ‘华金’果序

图2-4 ‘华金’的果实特征

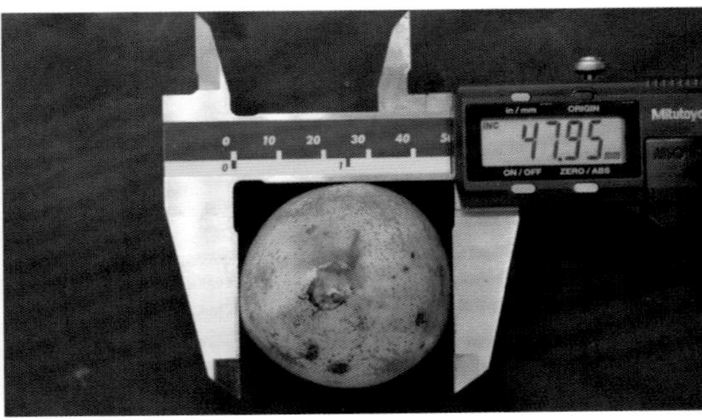

图2–5　‘华金’果实大小

图2–6　‘华金’果实和种子重量

（二）‘华鑫’

1. 品种学名与品种来源

品种学名：*Camellia oleifera*‘Huaxin’

别名或原初编号：茶陵78-4

品种审定编号：国S-SC-CO-009-2009。

品种来源：原株产自湖南省茶陵县。

2. 主要植物学特征

树高约2.7m，树冠直径约2.6m，幼树树姿半开张，成龄树姿开张，树冠自然圆头形。小枝细长，幼树斜生，成龄树平展或下垂。叶片卵圆形，中绿色，叶基部近圆形，叶缘细锯齿，叶尖渐尖；叶片平均长度55.69mm，平均宽度33.79mm，叶形指数1.65，侧脉5～7对，平均厚度0.39mm，叶面积13.17cm^2，百叶重55.25g；花期10月底到11月下旬；花白色，花瓣5～9瓣，倒卵形，先端凹缺，雄蕊数平均151个，紧凑而合抱一体，柱头4～5裂，裂位中部或下部，花冠为开时呈筒状，开后平展；果实扁球形，平均横径47.47mm，平均纵径39.84mm，果形指数1.19，果皮红色或青黄色，果面有光泽，有棱或无，果顶因凸棱而形成凹槽，凸棱中部为线棱。

3. 典型识别特征

树姿开张，叶片卵圆形，果实扁球形，成熟时红色，有光泽，果顶皱，因凸棱而形成凹槽，凸棱中部为线棱。

4. 主要经济性状

大果类型，平均单果重51.6g，果皮厚度3.68mm，子房室数多为3～5，单果籽粒数平均为8粒，种子百粒重258.37g，鲜果出籽率51.72%，干出籽率49.45%，干籽出仁率59.36%，干仁含油率47.29%，鲜果含油率7.18%。种子油的油酸含量84.32%，亚油酸含量5.85%，亚麻酸含量0.69%，棕榈酸含量6.93%，硬脂酸含量2.21%。

5. 栽培技术要点

（1）幼树生长势和发枝能力较弱，枝叶较为稀疏，但成龄树生长势和发枝能力均强。‘华鑫’的物候期属于较为标准（稍晚点）的霜降籽物候。

（2）主干明显，幼树枝条较为稀少，2年生幼树整形修剪不宜多剪，剪去脚枝，合理配置骨干枝，培养主干树型，方便人工作业，也适合机械作业。

（3）造林密度约80株/亩，宽窄行交互配置，不同品种2行交互配置，宽行两边使用同一品种，行距4.0m和2.5m，株距2.5m；必须配置授粉品种‘华金’。

（4）一般栽后第三年可开花结实，第八年进入盛果期。应尽量摘除幼树的花芽和幼果，控制前4年的营养生长，促进树冠早日形成。

（5）本品种结实能力强，盛产期单株产果量可达13～20kg，最多可产35kg以上。尽可能控制成龄树单株产量不超过15kg，保障连年丰产稳产；要适时平衡施肥，保障树体的营养供给。

（6）果熟期为10月25日前后，大果，裂果、落果。适合自然落果采收；也适合人工采收和机械化采收。

（7）抗炭疽病、抗软腐病能力强，抗干旱能力较强，但弱于‘华金’和‘华硕’，更适合在比较温暖的地方发展。

6. 适生栽培区域

最适栽培区为湖南省全境和江西省全境。

该品种在广西桂林、柳州，广东韶关，湖北黄梅、钟祥，河南信阳，贵州铜仁、黔东南等地均有较大面积栽培，均生长结实良好，适宜在这些地区推广应用。

图2–7 ‘华鑫’幼树树形

图2–8　‘华鑫’成龄树树形

图2-9 ‘华鑫’枝芽

图2-10　‘华鑫’果序

图2-11　‘华鑫’果实特征

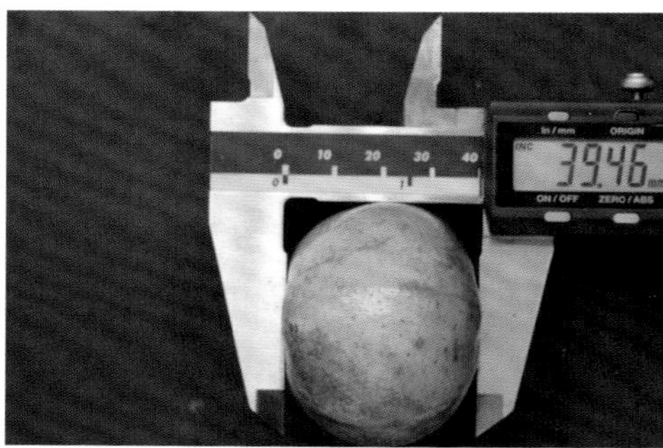

图2-12 ‘华鑫’果实大小

图2-13 ‘华鑫’果实和种子重量

（三）‘华硕’

1. 品种学名与品种来源

品种学名：*Camellia oleifera* ‘Huashuo’

别名或原初编号：77–4

品种审定编号：国S–SC–CO–011–2009。

品种来源：原株产自湖南省茶陵县。

2. 主要植物学特征

树高约2.4m，树冠直径约2.4m，树体中等偏大，树姿开张，自然圆头形；树干黄褐色，骨干枝稀疏、粗壮，重叠枝少，小枝粗短，嫩枝粗壮无毛（微毛），黄绿色，小枝中下部有明显近圆形叶片，质感厚实；叶近圆形，叶形指数1.87；叶片颜色浓绿色，侧脉5～6对，叶尖渐尖，先端一侧稍卷翘，边缘细锯齿，密度中等，基部楔形，叶柄有毛；叶片平均长度56.76mm，平均宽度30.91mm，平均厚度0.37mm，叶面积12.28cm^2，百叶重51.58g；花白色，花瓣5～8瓣，倒卵形，先端凹缺，雄蕊数平均123个，可见白色花药，柱头4～5裂，裂位下部，花期11月上旬到12月中旬；果为立冬籽类型，果熟期11月上旬。果实扁球状似橘形，平均横径53.47mm，平均纵径43.00mm，果形指数1.24，果皮青色，果面粗糙，多有褐色麻斑，果面有棱或无棱，基部棱较明显，果顶具5条凹槽，且顶部中央凹缺明显，缺口处褐色，果熟时不易裂果。

3. 典型识别特征

树姿开张，枝条粗壮而稀疏；叶片近圆形，质感厚实；超大果实，扁球状，似橘，不易裂果；果皮青色，果面粗糙，有褐色麻斑，果顶凹陷，具5条凹槽。

4. 主要经济性状

超大果类型，果实平均单果重68.8g，果皮厚度5.48mm，子房室数多为4或5，单果籽粒数平均为12粒，种子百粒重265.79g，鲜果出籽率43.49%，干出籽率48.25%，干籽出仁率56.34%，干仁含油率49.37%，鲜果含油率5.84%。种子油的油酸含量89.89%，亚油酸含量7.77%，亚麻酸含量0.06%，棕榈酸含量7.63%，硬脂酸含量0.12%。

5. 生长结实与栽培技术特点

（1）幼树和成龄树生长势都特别强，抽梢（发枝）能力特别强，速生，物候早，每年度的各种抚育管理措施的实施要较其他品种早，特别是穗条采集、嫁接育苗工作要优先安排。

（2）主干明显，枝叶浓密，2年生宜实施整形修剪，剪去脚枝，合理配置骨干枝，适当拉枝，培养主干树形，方便人工作业，适合机械作业。

（3）造林密度约80株/亩，不同品种2行交互配置，宽行两边使用同一品种，行距4.0m和2.5m，株距2.5m；‘华硕’选用的授粉品种为‘XLC15’。

（4）一般栽后第三年可开花结实，第八年进入盛果期。授粉品种为‘XL1C5’（‘华硕’与‘XLC15’互为授粉品种）栽后第三至第四年要尽可能控制结实，保障营养生长。

（5）结实能力强，盛产期单株产果量可达13～20kg，最多可产30kg以上，稳产。尽可能控制成龄树单株产量不超过15kg，保障连年丰产稳产；由于产量高，消耗大，要适时平衡施肥，保障树体的营养供给。

（6）果熟期为11月10日前后，超大果，不易裂果、落果。不适合自然落果采收；适合人工采收，最适合机械化采收。

（7）抗旱、抗寒、抗软腐病能力强；在“龟背型”特别干旱地形条件下，较易感染炭疽病。可在不同的生态类型地域发展，适合在比较寒冷的地方发展。但不宜在8月特别干旱的“龟背型”区域发展。

6. 适生栽培区域

最适栽培区为湖南省全境和江西省全境。

该品种在广西桂林、柳州，广东韶关，湖北黄梅、钟祥，河南信阳，贵州铜仁、黔东南等地均有较大面积栽培，均生长结实良好，适宜在这些地区推广应用。

图2–14　‘华硕’幼树树形

图2-15 ‘华硕’成龄树树形

图2-16 ‘华硕’枝芽

图2–17　‘华硕’果序

图2–18　‘华硕’的果实特征

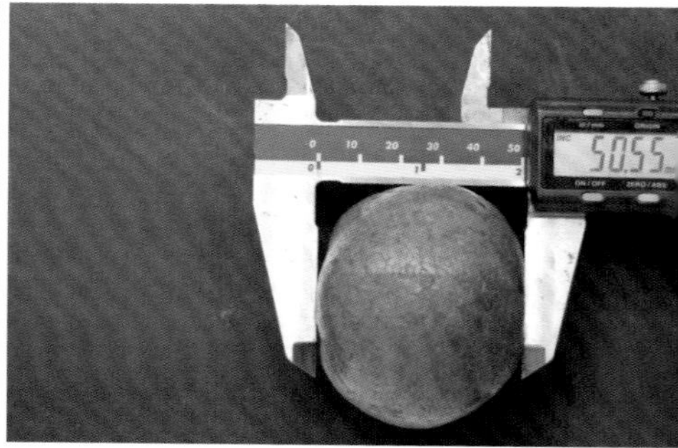

图2-19　‘华硕’果实大小

图2-20　‘华硕’果实和种子重量

二、‘湘林’系列主栽品种

‘湘林’系列品种由湖南省林业科学院选育，共70余个，其中相对容易识别且表现优异的主要有‘湘林1’‘湘林27’和‘XLC15’等3个品种。

（一）‘湘林1’

1. 品种学名与品种来源

品种学名：*Camellia oleifera* ‘Xianglin 1’

别名或原初编号：羊牯垴1号

品种审定编号：国S-SC-CO-013-2006。

品种来源：原株产自湖南省邵东县。

2. 主要植物学特征

树高约3.5m，树冠直径约3.5m，树体高大，树姿半开张，树冠近锥形；树干较粗壮、红褐色；小枝红褐色，细弱质脆；叶片椭圆形，中绿色，叶面较平展，侧脉5～7对，叶基部楔形或近圆形，中部最宽，叶缘细锯齿较稀疏，叶尖较短，渐尖，叶柄有毛；叶片平均长度55.21mm，平均宽度27.95mm，平均叶形指数为1.98，平均厚度0.37mm，平均叶面积10.80cm^2，百叶重34.21g；花白色，花瓣5～8瓣，倒卵形，褶皱且两边向外翻折，先端凹缺，雄蕊数平均130个，柱头3裂，裂位中部或下部，花期11月上旬到12月下旬；立冬籽品种类型，果熟期为11月8日前后，果实中下部圆球状，中部至顶部逐渐缩小，近似卵形，果实平均横径36.53mm，平均纵径42.16mm，果形指数0.87。果皮青色后变黄色，果面3条或4条棱，有凹缺。

3. 典型识别特征

花瓣常褶皱，两侧向外翻折，果实近卵形，青色后变为黄色，顶部凹缺，果面3～4条棱。

4. 主要经济性状

中果，平均单果重28.07g，果皮厚度3.14mm，子房室数多为3或4，单果籽粒数平均为6～7粒，种子百粒重249.82g，鲜果出籽率51.55%，干出籽率51.93%，干籽出仁率61.98%，干仁含油率48.30%，鲜果含油率8.01%。种子油的油酸含量85.23%，亚油酸含量5.03%，亚麻酸含量0.81%，棕榈酸含量6.93%%，硬脂酸含量2.01%。

5. 生长结实与栽培技术特点

（1）生长势和发枝能力强，主干明显，枝叶较为浓密。物候期较晚，稍早‘华硕’，属于较为标准的立冬籽品种，应根据该品种的物候情况安排年度抚育工作。

（2）主干较粗壮，枝条较多。2年幼树实施整形修剪，剪去脚枝、交叉枝，合理配置骨干枝，培养主干树型，适合人工作业和机械作业。

（3）造林密度约为80株/亩，必须配置授粉品种，可选用的授粉品种为‘XLC15’‘湘林27’‘湘林40’。

（4）一般栽后第三年可开花结实，第八年进入盛果期，栽后第三至第四年要尽可能控制结实，保障营养生长，迅速扩大树冠。

（5）结实能力强，盛产期单株产果量可达10～15kg，最多可产30kg以上，大小年较为明显。尽可能控制成龄树单株产量不超过10kg，保障连年丰产稳产；要适时平衡施肥，保障树体的营养供给。

（6）果熟期为11月3日前后，近大果，裂果、落籽。适合自然落籽采收和人工采收，也比较适合机械化采收。

（7）抗旱、抗炭疽病和抗软腐病能力强。可在不同的生态类型地域发展。

6. 适生栽培区域

最适栽培区为湖南省全境。

该品种在广东韶关和梅州、江西宜春和赣州、广西桂林、湖北鄂州和黄冈、贵州黔东南、重庆酉阳和秀山等地均有较大面积栽培，生长结实良好，适宜在这些地方推广应用。

图2–21　‘湘林1’幼树树形

图2–22 ‘湘林1’成龄树树形

图2-23　‘湘林1’枝叶特征

图2-24 ‘湘林1’花朵特征

图2-25 ‘湘林1’果实特征

图2–26　‘湘林1’果实大小

图2–27　‘湘林1’果实和种子重量

（二）'湘林27'

1. 学名与来源

品种学名：*Camellia oleifera* 'Xianglin 27'

别名或原初编号：宁远7810

品种审定编号：国S-SC-CO-013-2009。

品种来源：原株产自湖南省宁远县。

2. 主要植物学特征

树高约2.3m，树冠直径约2.5m，树姿半开张，树冠自然圆头形；叶片椭圆形，中绿色，侧脉5～7对，叶基部楔形，叶缘锯齿明显，粗大而锐，叶尖渐尖或短钝。叶柄有毛，叶片平均长度70.33mm，平均宽度32.33mm，平均叶形指数为2.18，平均厚度0.44mm，平均叶面积15.92cm^2，百叶重61.21g；花白色，花瓣5～7瓣，倒卵形，先端凹缺，雄蕊数平均91个，紧凑而合抱一体，柱头4～5裂，裂位下部，花期10月下旬到12月上旬；霜降籽品种类型，果熟期10月下旬。果实圆球形或扁球形，果实平均横径36.99mm，平均纵径35.77mm，果形指数1.03，果皮青黄色或青中带红，果面有3条或4条线或凸棱，有棱一侧果面常隆起形成三角状果实。

3. 典型识别特征

叶片锯齿粗大而尖锐，果实青黄色或青中带红，果面有3条或4条线或凸棱，有棱一侧果面常隆起形成三角状果实。

4. 主要经济性状

中果类型，平均单果重25.23g，果皮厚度3.27mm，子房室数多为3或4，单果籽粒数平均为3～4粒，种子百粒重346.28g，鲜果出籽率47.83%，干出籽率45.32%，干籽出仁率55.74%，干仁含油率49.27%，鲜果含油率5.95%。种子油的油酸含量84.13%，亚油酸含量5.28%，亚麻酸含量0.99%，棕榈酸含量7.85%，硬脂酸含量1.75%。

5. 栽培技术要点

（1）幼树生长势较强，发枝能力较强，主干明显，枝叶较为浓密。物候期如发新梢、开花、坐果、果实膨大、果实种子成熟等都较‘华金’晚，稍晚于‘华鑫’，较‘XLC15’稍早，属于霜降籽物候。造林前要施足基肥，幼龄期间适时施用氮肥，促进营养生长，形成丰产树体。

（2）主干较粗壮，枝条较多。对2年幼树实施整形修剪，剪去脚枝、交叉枝，合理配置骨干枝，培养主干树型，适合机械作业。成龄树枝叶较为茂密，可适当进行修剪，增强通风透光能力。

（3）造林时，必须配置适宜的授粉品种，‘湘林27’选用的授粉品种为‘XLC15’‘湘林1’和‘湘林40’。

（4）一般栽后第三年可开花结实，第八年进入盛果期，经济寿命可达60年以上。栽后第三至第四年要尽可能控制结实，保障营养生长，迅速扩大树冠。

（5）结实能力强，盛产期单株产果量可达10～15kg，最多可产25kg以上，相对稳产。尽可能控制成龄树单株产量不超过10kg，保障连年丰产稳产；由于产量高，消耗大，要适时平衡施肥，保障树体的营养供给。

（6）果熟期为10月30日前后，中果，不易裂果，不适合自然落籽采收；适合人工采收和机械化采收。

（7）抗旱、抗炭疽病和抗软腐病能力强。可在不同的生态类型地域发展。

6. 适生栽培区域

最适栽培区为湖南省全境。

该品种在广西桂林、广东韶关等地均有较大面积栽培，生长结实良好，适宜在这些地方推广应用。

图2-28　‘湘林27’幼树树形

图2-29 ‘湘林27’枝芽

图2–30 ‘湘林27’花部特征

图2–31 ‘湘林27’果序

图2-32 ‘湘林27’ 果实特征

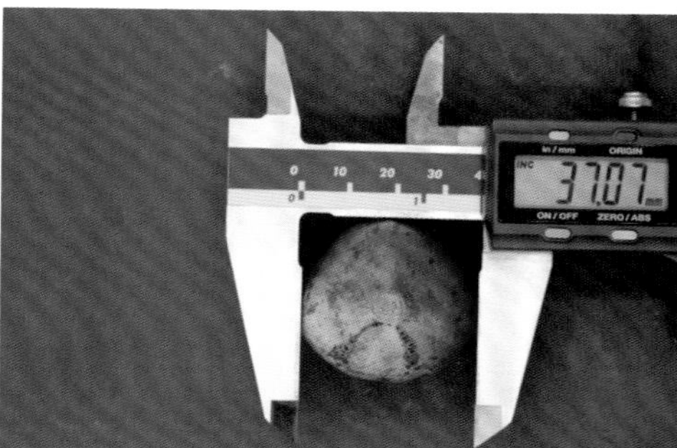

图2-33 ‘湘林27’果实大小

图2-34 ‘湘林27’果实和种子重量

（三）‘XLC15’

1. 学名与来源

品种学名：*Camellia oleifera*‘XLC15’

别名或原初编号：茶陵166、湘林210

品种审定编号：国S-SC-CO-013-2006。

品种来源：原株产自湖南省茶陵县。

2. 主要植物学特征

树体约2.5m，树冠直径约2.8m，树姿开张，树冠自然圆头形；叶上斜着生，排列整齐，叶片窄小细长成椭圆形或长椭圆形，叶中部最宽，叶面平展，颜色中绿色，侧脉多为6对，叶基部楔形，叶缘细锯齿，密度中等，叶尖渐尖，较短，叶柄有毛；叶片平均长度52.23mm，平均宽度21.03mm，平均叶形指数为2.48，平均厚度0.35mm，平均叶面积7.69cm^2，百叶重35.34g；花白色，花瓣5～7瓣，倒卵形，平整，先端凹缺，雄蕊数平均90个，柱头4～5裂，裂位下部，花期11月初到12月初；果为霜降籽类型，果熟期11月上旬，果实球形或扁球形，平均横径42.95mm，平均纵径37.11mm，果形指数为1.16。果皮青黄色后变为红色，果面4条或3条棱，果顶4或3条凹槽，果顶凹缺。

3. 典型识别特征

叶片窄小细长成椭圆形或长椭圆形，果实球形或扁球形，果面4条或3条棱，果顶4或3条凹槽。

4. 主要经济性状

近大果，平均单果重39.15g，果皮厚度3.48mm，子房室数多为3，单果籽粒数平均为5粒，种子百粒重361.50g，鲜果出籽率47.26%，干出籽率47.70%，干籽出仁率58.35%，干仁含油率43.43%，鲜果含油率

5.71%。种子油的油酸含量81.05%，亚油酸含量8.00%，亚麻酸含量1.01%，棕榈酸含量7.89%，硬脂酸含量2.04%。

5. 生长结实与栽培技术特点

（1）生长势和发枝能力较强，物候期居于霜降籽和立冬籽之间。应根据该品种的物候情况安排年度抚育工作。

（2）主干明显，枝条较多，2年生幼树实施整形修剪，剪去脚枝、交叉枝，合理配置骨干枝，培养主干树型，适合人工作业和机械作业。

（3）造林密度约82株/亩，必须配置适宜的授粉品种，‘XLC15’选用的授粉品种为‘湘林1’‘湘林27’‘湘林40’。

（4）一般栽后第三年可开花结实，第八年进入盛果期。栽后第三至第四年要尽可能控制结实，保障营养生长，迅速扩大树冠。

（5）结实能力强，盛产期单株产果量可达10～15kg，最多可产25kg以上，相对稳产。尽可能控制成龄树单株产量不超过10kg，保障连年丰产稳产；由于产量高，消耗大，要适时平衡施肥，保障树体的营养供给。

（6）果熟期为10月30日前后，中果，不易裂果，不适合自然落籽采收；适合人工采收和机械化采收。

（7）抗旱、抗炭疽病能力中等，抗软腐病能力比较弱。宜选择在不特别干旱的地形和炭疽病、软腐病不特别严重的生态地域发展。

6. 适生范围

最适栽培区为湖南省全境和江西省全境。

该品种在江西宜春和赣州、广西桂林、广东韶关和梅州、湖北鄂州和黄冈、贵州黔东南、重庆酉阳和秀山等地均有较大面积栽培，生长结实良好，适宜在这些地方推广应用。

图2-35 ‘XLC15’幼树树形

图2-36 ‘XLC15’枝叶特征

图2-37　'XLC15'花部特征

图2-38 ‘XLC15’果序和果实特征

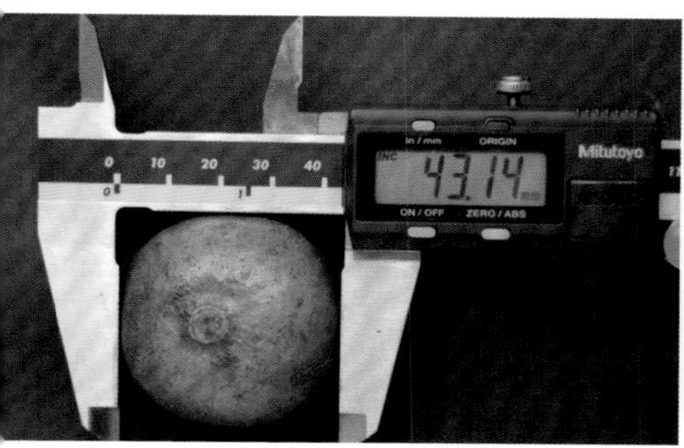

图2-39　‘XLC15’果实大小

图2-40　‘XLC15’果实和种子重量

三、湖南其他系列主栽品种

国家级和湖南省级审定的油茶栽培品种除‘华’字系列品种和‘湘林’系列品种外，还有省级审定的‘衡东大桃’系列品种（共2个）和‘铁城一号’‘德字一号’（岳阳平江）。

（一）‘衡东大桃2’

本品种由衡东县林业技术推广中心选育。

1. 学名与来源

品种学名：*Camellia oleifera*‘Hengdongdatao2’

别名或原初编号：衡东大桃

品种审定编号：湘S-SC-CO-003-2012。

品种来源：原株产自湖南省衡东县。

2. 主要植物学特征

树体中等，树姿半开张，树冠圆柱形。叶片卵圆形，叶形指数1.65，叶墨绿色，侧脉5～7对，叶尖渐尖，叶缘钝圆；油茶花期为10月上旬开始至11月下旬结束，以11月为盛花期，花白色，花瓣5～7瓣，倒卵形，先端凹入或2裂，雄蕊数平均151个，紧凑而合抱一体，柱头3～5裂；果实桃形或球形，平均横径44.00mm，平均纵径40.00mm，果形指数1.10，果皮红色，果面有光泽。

3. 典型识别特征

树姿直立，树冠较窄，叶大且厚，果实桃形或球形，果皮红色、有光泽，果皮厚。

4. 主要经济性状

大果，平均单果重41.00g，果皮厚度3.48mm，子房室数多为4，单果籽粒数平均为5粒，种子百粒重361.50g，鲜果出籽率47.9%，干籽出仁率66.06%，干仁含油率46.74%。种子油的油酸含量81.65%，亚油酸含量9.22%，棕榈酸含量6.14%，硬脂酸含量2.20%，其他脂肪酸含量0.79%。

5. 主要栽培技术要点

（1）树势中等，抽梢能力较强，主干明显、粗壮。对2年生幼树实施整形修剪，剪去脚枝、交叉枝，合理配置骨干枝，可适当拉枝，培养主干树形，适合机械作业。

（2）造林密度为80株/亩左右，必须配置适宜的授粉品种，‘衡东大桃2’选用的授粉品种为‘XLC15’和‘华鑫’等主栽品种。

（3）一般栽后第三年可开花结实，第八年进入盛产期。栽后第三至第四年要尽可能控制结实，保障营养生长。

（4）结实能力较强，盛产期单株产果量可达10～15kg，最多可产25kg以上。尽可能控制成龄树单株产量不超过10kg，保障连年丰产稳产；要适时平衡施肥，保障树体的营养供给。

（5）果熟期为10月下旬，大果，容易裂果、落果。适合自然落籽采收，人工采收成本较低，并适合机械化采收。

（6）抗旱、抗寒、抗炭疽病和抗软腐病能力较强。

6. 适生栽培区域

湖南中东部地区。

图2-41 ‘衡东大桃2’树形

图2-42　‘衡东大桃2’枝叶特征

图2-43　‘衡东大桃2’花朵特征

图2-44　‘衡东大桃2’果序

图2-45　‘衡东大桃2’果实特征

（二）‘铁城一号’

该品种由常德市林业科学研究所与中南林业科技大学共同选育。

1. 学名与来源

品种学名：*Camellia oleifera* ‘Tiecheng 1’

品种审定编号：湘S0801-CO2。

品种来源：原株产自湖南省常德市鼎城区。

2. 主要植物学特征

树体矮小，半开张，圆头形；叶片椭圆形、长圆形或倒卵形，中绿，基部楔形，叶缘有细锯齿或钝锯齿，长5～7cm，宽2～4cm；花瓣白色，5～7瓣，倒卵形，先端凹入或2裂，子房3～5室，花期10月中旬至11月下旬；果青褐色，桃形，果顶脐形，横径20～40mm，10月中旬果实成熟。

3. 典型识别特征

树体矮小，树干不明显，分枝低，叶片肥厚，小果，果实桃形，青褐色。

4. 主要经济性状

小果，平均单果重10.6g。鲜果出籽率53.24%，干仁含油率44.58%，鲜果含油率7.2%。种子油的油酸含量为78.17%，亚油酸含量为5.79%。

5. 主要栽培技术要点

（1）幼树生长势较强，发枝中等，枝叶较为浓密，物候期早。造林前要施足基肥，可适当密植，密度可达110株/亩。幼龄期间主要施用氮肥，促进营养生长。

（2）主干不明显，抽梢能力中等。对2年幼树实施整形修剪，剪去脚枝、交叉枝，保障通风透光。

（3）造林时，必须配置适宜的授粉品种。

（4）一般栽后第三年可开花结实，第七年进入盛产期。栽后第三至第四年要尽可能控制结实。

（5）结实能力较强，盛产期单株产果量可达6kg，最多可产10kg以上，比较稳产。尽可能控制成龄树单株产量不超过6kg，保障连年丰产稳产；要适时平衡施肥，保障树体的营养供给。

（6）寒露籽品种类群，果熟期为10月10日前后，小果，容易裂果、落果。适合自然落籽采收或人工采收，不适合机械化采收。

（7）抗炭疽病能力强。

6. 适生栽培区域

湖南北部地区。

图2-46 ‘铁城一号’成龄树树形

图2-47 ‘铁城一号’枝叶特征

图2-48 ‘铁城一号’花朵特征

图2-49　‘铁城一号’果序

图2-50　‘铁城一号’果实特征

图2-51　‘铁城一号’果实种子

第三章

湖南以外省份油茶主要栽培品种

一、‘长林’系列主栽品种

国家级和省级审定的‘长林’系列品种共19个，均为中国林业科学研究院亚热带林业研究所和亚热带林业实验中心选育的油茶主要栽培品种。其中表现优异的品种有：‘长林4号’‘长林40号’和‘长林53号’等。

（一）‘长林4号’

1. 学名与来源

品种学名：*Camellia oleifera*‘Changlin 4’

别名或原初编号：80–21

品种审定编号：国S–SC–CO–006–2008。

品种来源：原株产自江西省进贤县。

2. 主要植物学特征

树高2.4～2.6m，冠幅2.5m×2.7m，树势旺盛，树姿半开张，枝叶茂密；叶宽卵形；花瓣白色；果实单生，桃形果，青色偏红色，果高4.3cm，果径3.6cm。抗病力强。

3. 典型识别特征

树姿半开张，枝叶浓密。叶正面主支脉凸起。桃形果见阳光一面红色，背面青色。植株抗病力强。

4. 主要经济性状

果实单果重25.18g，鲜果出籽率50.1%，干籽出仁率54%，干仁含油率46%，果含油率8.89%。茶油中含棕榈7.7%、棕榈烯酸0.1%、硬脂酸2.8%、油酸83.09%、亚油酸7.07%、亚麻酸0.425%、花生酸0.09%、顺–11–二十碳烯酸0.74%，可作为食用油、化妆品原料。

5. 主要栽培技术要点

（1）选择土层较厚的丘陵山地或缓坡地，水平带整地，施足基肥。

（2）配置花期相似或一致的多个无性系（如‘长林53号’‘长林40号’‘长林3号’‘长林18号’）混栽，行距4m，株距3～3.5m，密度48～56株/亩，采用2年生嫁接苗造林。

（3）栽后第三年开始开花结实，应尽量摘除幼树的花芽和幼果，控制前4年的营养生长，保障树冠正常形成，第七年进入盛果期，果实成熟期在10月下旬，抗病能力较强。

（4）树冠球形开张，无需拉枝定形。5年以下树龄进行打顶控高、截去徒长枝；5～7年树龄修剪下脚枝；盛果期修剪内堂枝。

6. 适生栽培区域

最适栽培区为浙江、江西、广西、福建、湖北。

该品种在河南信阳，安徽黄山、六安，湖南株洲、衡阳，贵州黔南、铜仁、黔东南，广东韶关、河源，陕西商洛，重庆等地均有较大面积栽培，均生长结实良好，适宜在这些地方推广应用。

图3-1 ‘长林4号’树形

图3-2 ‘长林4号’花部特征

图3-3 ‘长林4号’果序

图3-4　‘长林4号’果实特征

图3-5　‘长林4号’果实大小

图3-6 ‘长林4号’果实和种子质量

（二）‘长林40号’

1. 学名与来源

品种学名：*Camellia oleifera*‘Changlin 40’

别名或原初编号：12-6

品种审定编号：国S-SC-CO-011-2008。

品种来源：原株产自浙江省安吉县。

2. 主要植物学特征

树体圆柱形，长势旺，成年树高2.9～3.0m，冠幅2.1m×2.2m；枝条较细长，叶矩卵形；花瓣白色；果实单生，梨形，有3条棱，黄色，果高3.9cm，果径3.2cm。

3. 典型识别特征

树体圆柱形，长势旺。梨形果，有3条棱，黄色。

4. 主要经济性状

果实单果重19.4g，鲜果出籽率44.5%，干仁含油率50.3%，果含油率11.3%。茶油中含棕榈酸6.96%、棕榈烯酸0.09%、硬脂酸2.11%、油酸82.12%、亚油酸7.34%、亚麻酸0.25%、花生酸0.08%、顺-11-二十碳烯酸0.64%，可作为食用油、化妆品原料。

5. 主要栽培技术要点

（1）选择土层较厚的丘陵山地或缓坡地，水平带整地，施足基肥。

（2）配置花期相似或一致的多个无性系（如‘长林4号’‘长林53号’‘长林3号’‘长林18号’）混栽，行距4m，株距3~3.5m，密度48~56株/亩，采用2年生嫁接苗造林。

（3）栽后第三年开始开花结实，应尽量摘除幼树的花芽和幼果，控制前4年的营养生长，保障树冠正常形成，第七年进入盛果期，果实成熟期在10月下旬，抗病能力较强。

（4）树冠圆柱形。5年以下树龄进行打顶、截去徒长枝，严格控高；5~7年树龄修剪下脚枝；盛果期修剪内堂枝。

6. 适生栽培区域

最适栽培区为浙江、江西、广西、湖南等地。

该品种在河南信阳，福建宁德、南平，湖北武汉、黄冈、随州，安徽黄山、六安，贵州黔南、铜仁、黔东南，广东韶关、河源，陕西商洛，重庆等地均有较大面积栽培，均生长结实良好，适宜在这些地方推广应用。

图3–7　‘长林40号’树形

图3–8　‘长林40号’花部特征

图3–9　‘长林40号’果序

图3–10　‘长林40号’果实大小

图3-11 ‘长林40号’果实和种子重量

（三）‘长林53号’

1. 学名与来源

品种学名：*Camellia oleifera* ‘Changlin 53’

别名或原初编号：12-12

品种审定编号：国S-SC-CO-013-2006。

品种来源：原株产自浙江省安吉县。

2. 主要植物学特征

树体矮壮，粗枝，成年树高1.8 ~ 2.0m，冠幅1.8m × 1.9m；叶浓密，较大，平伸，宽矩形；花瓣白色；果实单生，梨形，果柄有凸出，果皮黄色带红色，果高4.1cm，果径3.7cm。

3. 典型识别特征

树体矮壮，枝粗、硬。叶浓密，较厚大，平伸。果实单生，梨形，果柄有凸起，果皮黄色带红色。

4. 主要经济性状

果实单果重27.9g，鲜果出籽率50.5%，干仁含油率45.0%，果含油率10.3%。茶油中含棕榈酸6.48%、棕榈烯酸0.05%、硬脂酸1.68%、油酸86.23%、亚油酸3.18%、亚麻酸0.69%、花生酸0.08%、顺-11-二十碳烯酸0.41%，可作为食用油、化妆品原料。

5. 主要栽培技术要点

（1）选择土层较厚的丘陵山地或缓坡地，水平带整地，施足基肥。

（2）配置花期相似或一致的多个无性系（如‘长林4号’‘长林40号’‘长林3号’‘长林18号’）混栽，行距4m，株距3～3.5m，密度48～56株/亩，采用2年生嫁接苗造林。

（3）栽后第三年开始开花结实，应尽量摘除幼树的花芽和幼果，控制前4年的营养生长，保障树冠正常形成，第七年进入盛果期，果实成熟期在10月下旬，抗病能力较强。

（4）5年以下树龄进行打顶控高，截去徒长枝；5～7年树龄修剪下脚枝；盛果期修剪内堂枝。

6. 适生栽培区域

最适栽培区为浙江、江西等地。该品种在河南信阳，福建宁德、南平，湖北武汉、黄冈、随州，安徽黄山、六安，贵州黔南、铜仁、黔东南，湖南株洲、衡阳，广东韶关、河源，陕西商洛，重庆等地均有较大面积栽培，均生长结实良好，适宜在这些地方推广应用。

图3-12　‘长林53号’树体

图3-13　‘长林53号’花序

图3-14　‘长林53号’果实

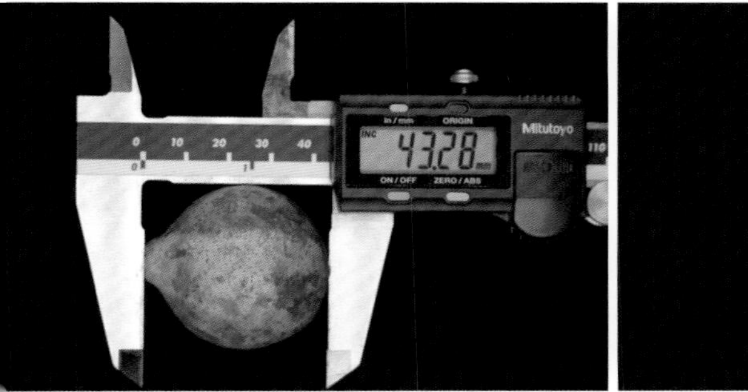

图3-15　‘长林53号’果实大小

图3-16 ‘长林53号’果实和种子重量

二、‘赣无’系列主栽品种

国家级和省级审定的‘赣无’系列品种共25个，均为江西省林业科学研究院选育的油茶主要栽培品种。其中表现优异的品种有：‘赣无2’‘赣兴48’和‘赣70’等。

（一）‘赣无2’

1. 学名与来源

品种学名：*Camellia oleifera* ‘Ganwu 2’

别名或原初编号：赣2

品种审定编号：国S-SC-CO-026-2008。

品种来源：原株产自江西省宜丰县。

2. 主要植物学特征

树高约2.5m，树冠直径2.5m，树姿开张，树冠圆头形；枝叶较稀疏，叶片上斜着生，矩圆形，叶面近平展，叶黄绿色，侧脉不明显，叶尖渐尖，叶缘较密细锯齿，叶基部圆形，叶柄有毛；叶片平均长度50.89mm，平均宽度28.61mm，平均叶形指数1.78，平均厚度0.37mm，平均叶面积10.19cm^2，百叶重47.15g；花白色，花冠开张，花瓣5～7瓣，倒卵形，先端凹缺，雄蕊数平均148个，柱头4裂，裂位下部，花期10月下旬到11月下旬；霜降籽品种类型，果熟期10月下旬，果实近球形，平均横径37.76mm，平均纵径35.42mm，果形指数为1.07。果实成熟时红色或青中带红，果面有棱，果顶部嵌有3～5条凹槽。

3. 典型识别特征

枝叶较稀疏，叶黄绿色，叶柄基部圆形；果近球形，成熟时红色或青中带红，果顶部嵌有3～5条凹槽。

4. 主要经济性状

中果，平均单果重26.85g，果皮厚度3.14mm，子房室平均3或4室，单果籽粒数平均8粒，种子百粒重182.43g，鲜果出籽率49.20%，干出籽率58.14%，干籽出仁率61.42%，干仁含油率41.17%，鲜果含油率7.23%。种子油的油酸含量83.70%，亚油酸含量7.09%，亚麻酸含量0.71%，棕榈酸含量8.34%，硬脂酸含量0.16%。

5. 主要栽培技术要点

（1）幼树和成龄树生长势都特别强，抽春梢能力强，基本不抽夏梢和秋梢；物候期早，枝条粗壮，嫁接育苗选择较粗的砧木且优先安排。

（2）主干不明显，栽植2年定干，3年实施整形修剪，按照“亮脚枝、疏内堂、去顶梢、控树冠”的整形修剪方法培育成“自然开心型”。

（3）造林密度为82株/亩，宽窄行交互配置，不同品种2行交互配置，宽行两边使用同一品种，行距4.0m和2.5m，株距2.5m；可配置授粉品种‘赣抚20’、‘赣兴46’或‘赣无11’。本品种适宜宽行种植。条带种植间距3m。

（4）一般栽后第三年可开花结实，少数栽后第二年就可开花结实，第七年进入盛果期，应尽量摘除幼树的花芽和幼果，控制前4年的营养生长，保障树冠正常形成。

（5）该品种结实能力强，盛产期单株产果量可达15～30kg，最多可产40kg以上。由于产量高、消耗大，要适时追肥，保障营养供给。

（6）果熟期为10月25日前后，中果。

（7）抗旱、抗寒、抗炭疽病和抗软腐病能力强。可在不同的生态类型地域发展。

6. 适生栽培区域

最适栽培区为江西全境。

该品种在福建南平、广东韶关、湖北黄石、安徽黄山等地均有较大面积栽培，均生长结实良好，适宜在这些地方推广应用。

图3-17　'赣无2'树形

图3-18 ‘赣无2’枝叶特征

图3-19 ‘赣无2’花序

图3–20　‘赣无2’果序

图3-21 ‘赣无2’果实特征

图3–22　‘赣无2’果实大小

图3–23　‘赣无2’果实和种子重量

（二）'赣兴48'

1. 学名与来源

品种学名：*Camellia oleifera* 'Ganxing 48'

别名或原初编号：兴-48

品种审定编号：国S-SC-CO-006-2007。

品种来源：原株产自江西省兴国县。

2. 主要植物学特征

树高约3.0m，树冠直径约2.0m，树形紧凑，树冠自然圆头形；枝叶繁茂，叶片上斜着生，椭圆形，中上部最宽，叶面平展或微内扣，中绿色，侧脉6～8对，叶尖渐尖，叶缘较密细锯齿或钝锯齿，叶基部楔形，叶柄有毛；叶片平均长度51.23mm，平均宽度23.93mm，平均叶形指数2.14，平均厚度0.35mm，平均叶面积8.58cm^2，百叶重36.31g；花白色，萼片暗红色，花瓣5～7瓣，倒卵形，先端凹缺，雄蕊数平均73个，柱头3裂，裂位上部，花期10月下旬到11月下旬；霜降籽品种类型，果熟期10月下旬，果实圆球状，较小，平均横径30.16mm，平均纵径30.33mm，果形指数为0.99，果皮红色或青中带红，一侧略扁平，果面富有光泽。

3. 典型识别特征

叶片较小，较密细锯齿；果实中等、圆球状、簇生，果面一侧扁平，红色富有光泽。

4. 主要经济性状

小果型，果实平均单果重13.40g，果皮厚度2.65mm，子房室平均2或3室，单果籽粒数多为3粒，种子百粒重195.80g，鲜果出籽率43.78%，干出籽率60.07%，干籽出仁率69.44%，干仁含油率43.70%，鲜果含油率7.98%。种子油的油酸含量80.28%，亚油酸含量8.81%，亚麻酸含量0.74%，棕榈酸含量8.36%，硬脂酸含量1.80%。

5. 主要栽培技术要点

（1）幼林生长缓慢，成龄树生长势旺盛，抽梢（发枝）能力强，物候期中等，枝条较细，嫁接育苗选择中等砧木。

（2）主干明显，枝叶浓密，栽植2年定干，3年实施整形修剪，剪去下脚枝，控制树势，合理配置骨干枝，培养主干树形，方便人工作业，适合机械作业。

（3）造林密度为82株/亩，宽窄行交互配置，不同品种2行交互配置，宽行两边使用同一品种，行距4.0m和2.5m，株距2.5m；可配置授粉品种‘赣8’或‘赣无11’；适宜窄行种植，条带种植间距2.5m。

（4）一般栽后第三年可开花结实，第七年进入盛果期，结合整形修剪尽量剪除幼树的花芽和幼果，控制前4年的营养生长，保障树冠正常形成。

（5）该品种结实能力强，盛产期单株产果量可达10～18kg，最多可产25kg以上。尽可能控制成龄树单株产量不超过15kg，可保障连年丰产稳产；由于产量高、消耗大，要适时平衡施肥，保障营养供给。

（6）果熟期为10月20日前后，皮薄果小，不易裂果、落果；抗旱、抗寒、抗瘠薄、抗炭疽病和抗软腐病能力强；可在不同的生态类型地域发展。

6. 适生栽培区域

最适栽培区为江西全境和浙江全境。

该品种在福建三明、南平，广东河源、清远，湖北咸宁、黄石等地均有较大面积栽培，均生长结实良好，适宜在这些地方推广应用。

图3-24　‘赣兴48’树形

图3-25 ‘赣兴48’枝叶特征

图3-26　‘赣兴48’花部特征

图3-27　‘赣兴48’果序

图3-28 ‘赣兴48’果实特征

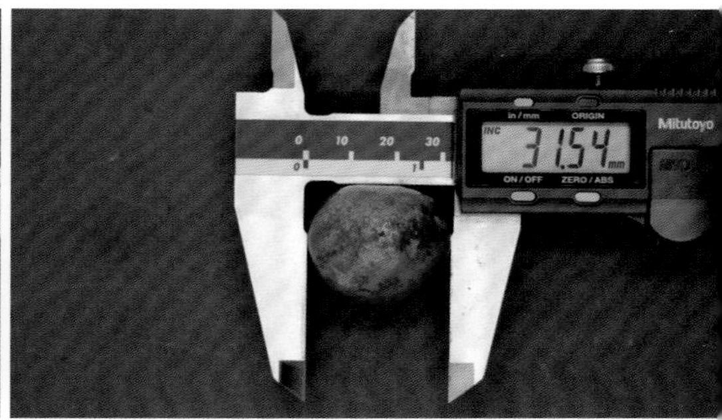

图3-29　‘赣兴48’果实大小

图3-30　‘赣兴48’果实和种子重量

（三）'赣70'

1. 品种学名与品种来源

品种学名：*Camellia oleifera* 'Gan70'

别名或原初编号：赣70

品种审定编号：国R-SC-CO-025-2010。

品种来源：原株产自江西省林业科学院山茶基因库。

2. 主要植物学特征

树高约3.0m，树冠直径约2.5m，树姿直立，树冠圆头形，叶片上斜着生，近圆形，平均叶形指数1.95，叶面近平展，深绿色，侧脉5～8对，叶尖渐尖，叶缘疏锯齿，锐度较钝，叶基部楔形，叶柄较长，有毛，叶片平均长度56.51mm，平均宽度29.02mm，平均厚度0.38mm，平均叶面积11.48cm^2，百叶重50.07g；花白色，花瓣5～7瓣，倒卵形，先端凹缺，雄蕊数平均110个，柱头4裂，裂位上部，花期10月下旬到11月下旬；果为霜降籽类型，果熟期10月下旬，果实中等大小，椭球形，平均横径34.05mm，平均纵径39.71mm，果形指数为0.86。果皮青黄色或红色，果面粗糙，有4条或5条明显凸棱连接果两端。

3. 典型识别特征

果实椭球形，青黄色或红色，果面粗糙，有4条或5条明显凸棱连接果两端。

4. 主要经济性状

中果，果实平均单果重21.40g，果皮厚度2.65mm，子房室3或4室，单果籽粒数多为3～7粒，种子百粒重287.34g，鲜果出籽率52.13%，干出籽率55.32%，干籽出仁率68.21%，干仁含油率42.30%，鲜果含油率8.32%。种子油的油酸含量80.29%，亚油酸含量10.10%，亚麻酸含量

0.72%，棕榈酸含量8.62%，硬脂酸含量0.18%。

5. 栽培技术要点

（1）幼树和成龄树生长势较强，抽梢（发枝）能力强，速生，物候较早，每年度的各种抚育管理措施的实施要较其他品种早，特别是穗条采集、嫁接育苗工作要优先安排。

（2）主干明显，枝叶稀疏，宜采用省力化整形修剪，剪去脚枝与徒长枝，方便人工作业。

（3）造林密度为82株/亩，宽窄行交互配置，不同品种2行交互配置，宽行两边使用同一品种，行距4.0m和2.5m，株距2.5m；可配置授粉品种‘赣无2’或‘赣兴48’；本品种适宜窄行和宽行交替种植，条带种植间距3m。

（4）一般栽后第三年可开花结实，少数栽后第二年就可开花结实，第八年进入盛果期，应尽量摘除幼树的花芽和幼果，控制前4年的营养生长，保障树冠正常形成。

（5）该品种结实能力强，盛产期单株产果量可达13～20kg，最多可产30kg以上。尽可能控制成龄树单株产量不超过15kg，通过合理施肥与修剪可保障连年丰产稳产。

（6）果熟期为10月20日前后，中果，不易裂果、落果。适合自然落籽采收，人工采收成本较低，并适合机械化采收。

（7）抗旱、抗寒、抗炭疽病和抗软腐病能力强。可在不同的生态类型地域发展。

6. 适生栽培区域

最适栽培区为江西省全境。

该品种在广西南宁、福建福州、安徽黄山、湖南长沙等地均有示范栽培，均生长结实良好，适宜在这些地方推广应用。

图3-31 ‘赣70’树形

图3–32　‘赣70’枝叶特征

图3–33　‘赣70’花部特征

图3-34 ‘赣70’果序

图3-35　‘赣70’果实特征

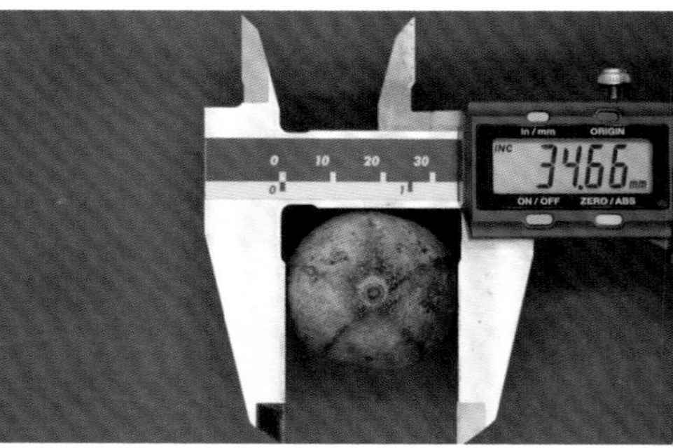

图3-36 ‘赣70’果实大小

图3-37 ‘赣70’果实和种子重量

三、'岑软'系列主栽品种

国家级和省级审定的'岑软'系列品种共9个，均为广西壮族自治区林业科学研究院选育的油茶栽培品种。其中表现优异、栽培面积广的品种有：'岑软2号'和'岑软3号'等。

（一）'岑软2号'

1. 学名与来源

品种学名：*Camellia oleifera* 'Cenruan2'

别名或原初编号：岑软2号

品种审定编号：国S-SC-CO-001-2008。

品种来源：原株产自广西壮族自治区岑溪市。

2. 主要植物学特征

树高3.0m，树冠直径3.0m，树姿半开张，树冠圆头形，小枝灰白色，树干灰褐色；叶片上斜着生，椭圆形，中部最宽，较细长，叶面平展，颜色深绿色，侧脉6～7对，叶尖渐尖，细长且略微下卷，叶缘密锯齿，锐度较大，叶基部楔形，叶柄有毛，叶片平均长度62.15mm，平均宽度23.32mm，平均叶形指数为2.67，平均厚度0.39mm，平均叶面积10.15cm^2，百叶重57.83g；花白色，花瓣5～7瓣，倒卵形，先端凹缺，雄蕊数平均153个，紧凑，柱头3裂，裂位上部，花期11月上旬到12月上旬；霜降籽类型，果熟期11月上旬，果实扁球形，平均横径38.92mm，平均纵径36.90mm，果形指数为1.05。果实青色，表面粗糙，成熟时常有麻斑，果面有4～5条凸棱，果顶成4～5条凹槽。

3. 典型识别特征

枝条细软，多下垂，叶尖渐尖，细长且略微下卷，果实扁球形，青色，果顶4～5条凹槽。

4. 主要经济性状

中果，果实平均单果重30.50g，果皮厚度5.12mm，子房室数多为3或4，单果籽粒数多为4～8粒，种子百粒重194.54g，鲜果出籽率40.70%，鲜果干出籽率26.99%，干籽出仁率58.75%，干仁含油率51.37%，鲜果含油率7.06%。种子油的油酸含量83.50%，亚油酸含量5.02%，亚麻酸含量0.20%，棕榈酸含量9.82%，硬脂酸含量1.46%。

5. 主要栽培技术要点

（1）幼树和成年树生长势强，树体自然整枝较强，抽梢（发枝）能力强，物候比其他‘岑软’系列稍晚。采穗圃应加强水肥管理，注重修剪，摘除花芽幼果，培养粗壮穗条，以便培育良种壮苗。

（2）主干不明显，分枝多，枝叶浓密，幼树以修剪脚枝、合理配置主干枝为主，成年树宜培养主干树形，注重修剪，去密留疏，确保通风透光，减少病虫害的发生。

（3）造林密度可选择株行距为2.5m×3.0m或3.0m×3.0m，用2年生大杯容器苗上山造林，搭配授粉品种为：‘岑软3号’‘岑软11号’‘岑软22号’‘岑软24号’等，造林时间宜选择在12月到第二年3月前，放足有机肥作基肥。

（4）该品种具有早实丰产、适用性广等特点，一般栽后第三年开花，少数第二年可以结实，第五年进入盛果期，幼树应尽量摘除花芽和幼果，促进营养生长，保障树冠正常形成。

（5）该品种开花多，结实能力强，盛产期平均产油量为40～60kg/亩，由于产量高、耗能大，所以要注重平衡施肥，保障营养供给。

（6）果实成熟期在11月上旬，容易裂果，宜人工或机械化采摘。

（7）具有较强的抗旱、抗寒、抗虫、抗炭疽病和抗软腐病能力。

可在不同的生态类型地域发展。

6．适生栽培区域

最适栽培区为广西桂南桂中地区。湖南邵阳、衡阳、永州、株洲，江西南昌、赣州，广东韶关、肇庆、云浮、梅州、广州、湛江、茂名、清远、信宜也有较大面积栽培。

图3–38　‘岑软2号’树形

图3-39 ‘岑软2号’枝叶

图3-40　‘岑软2号’花部特征

图3-41 ‘岑软2号’果实特征

图3-42　‘岑软2号’果实大小

图3-43　‘岑软2号’果实和种子重量

（二）'岑软3号'

1. 学名与来源

品种学名：*Camellia oleifera* 'Cenruan 3'

别名或原初编号：岑软3

品种审定编号：国S-SC-CO-002-2008。

品种来源：原株产自广西壮族自治区岑溪市。

2. 主要植物学特征

树高3.5m，树冠直径3.0m，树姿半开张，树冠圆头形，小枝灰白色，树干灰褐色；叶片上斜着生，椭圆形或近卵形，中部或中下部最宽，叶面平展，颜色深绿色带有光泽，侧脉6～8对，叶尖渐尖，叶缘密锯齿，锐度较大，叶基部近圆形，叶柄有毛；叶片平均长度57.54mm，平均宽度25.96mm，平均叶形指数为2.22，平均厚度0.36mm，平均叶面积10.46cm^2，百叶重54.97g；花白色，花瓣5～7瓣，倒卵形，先端凹缺，雄蕊数平均188个，花丝分散，柱头4～5裂，裂位上部，花期10月下旬到11月下旬；霜降籽类型，果熟期10月下旬，果实不规则球形或梨形，平均横径38.54mm，平均纵径38.22mm，果形指数为1.01。果面颜色青色或青中带红，有3～5条凸棱，且棱在果顶部明显，果顶凹缺。

3. 典型识别特征

叶面深绿色有光泽，椭圆形或近卵形，果实不规则球形或梨形，有3～5条凸棱，且棱在果顶部明显。

4. 主要经济性状

果实平均单果重28.40g，属中等大小果型，果皮厚度4.94mm，子房室数多为2～4，单果籽粒数平均5粒，种子百粒重216.97g，鲜果出籽率39.72%，鲜果干出籽率21.19%，干籽出仁率61.88%，干仁含油率53.60%，鲜果含油率7.13%。种子油的油酸含量82.95%，亚油酸含量5.13%，亚麻酸含量0.16%，棕榈酸含量9.21%，硬脂酸含量2.55%。

5. 主要栽培技术要点

（1）幼树和成年树生长势强，抽梢（发枝）能力强。采穗圃应加强水肥管理，注重修剪，摘掉花芽幼果，培育良种壮芽。

（2）主干明显，树体向上生长能力强，枝叶浓密，幼树以修剪脚枝、打顶枝、促分枝为主；成年树宜培养开心树形，注重修剪，确保通风透光，减少病虫害的发生。

（3）造林密度可选择株行距为2.5m × 3.0m或3.0m × 3.0m，用2年生大杯容器苗上山造林，搭配授粉品种为：‘岑软2号’‘岑软11号’‘岑软24号’等，造林时间宜选择在12月到第二年3月前，放足有机肥作基肥。

（4）该品种具有早实丰产、适用性广等特点，一般栽后第二年开花，少数第二年可以结实，第五年进入盛果期，幼树应尽量摘除花芽和幼果，促进营养生长，保障树冠正常形成。

（5）该品种开花多，结实能力强，盛产期平均产油量为40 ~ 60kg/亩，由于产量高、耗能大，所以要注重平衡施肥，保障营养供给。

（6）果实成熟期在10月下旬，中果，容易裂果，宜人工或机械化采摘。

（7）具有较强的抗旱、抗寒、抗虫、抗炭疽病和抗软腐病能力。可在不同的生态类型地域发展。

6. 适生栽培区域

最适栽培区为广西全境和广东北部。湖南邵阳、衡阳、永州、株洲，江西南昌、赣州均有较大面积栽培。

图3-44 ‘岑软3号’树形

图3-45 ‘岑软3号’枝叶特征

图3-46 ‘岑软3号’花部特征

图3-47　‘岑软3号’果实特征

图3-48 ‘岑软3号’果实大小

图3-49 ‘岑软3号’果实和种子重量

四、'赣州油'系列主栽品种

国家级和省级审定的'赣州油'系列品种共21个，均为江西省赣州市林业科学研究所选育的油茶栽培品种。其中表现优异的品种有：'GLS赣州油1'和'赣州油1'等。

（一）'GLS赣州油1'

1. 学名与来源

品种学名：*Camellia oleifera* 'GLS Ganzhouyou 1'

别名：丰586

品种审定编号：国S-SC-CO-012-2002。

品种来源：原株产自江西省上犹县。

2. 主要植物学特征

树高2～3m，树冠直径约3m，树形开张，树姿直立，树冠呈圆球形，小枝红褐色，树干灰褐色。叶片上斜着生，细小，近圆形或卵圆形，平均叶形指数1.86，叶片较小，叶面平展，深绿色，侧脉6～8对，叶尖渐尖，叶缘有较密细锯齿，叶基部近圆形，叶柄有毛，叶片平均长度46.43mm，平均宽度25.02mm，平均厚度0.37mm，平均叶面积8.13cm^2，百叶重36.78g；花期10月下旬到11月下旬，花白色，花瓣5～9瓣，倒卵形，先端凹缺，雄蕊数平均121个，花丝分散，柱头3～4裂，裂位中部；霜降籽品种类型，果熟期10月下旬，果实球形，平均横径42.55mm，平均纵径41.54mm，果形指数1.02，果皮红色，果顶有3～5条凹槽。

3. 典型识别特征

树姿开张，叶片深绿色，近圆形或卵圆形，叶缘较密细锯齿，果实球形，顶部具浅凹。

4. 主要经济性状

中果类型，平均单果重38.44g，果皮厚度3.60mm，子房室多为3室，单果籽粒数平均为5.2粒，种子百粒重304.41g，鲜果出籽率41.09%，干出籽率43.36%，干籽出仁率61.79%，干仁含油率48.47%。种子油的油酸含量82.65%，亚油酸含量5.83%，亚麻酸含量0.27%，棕榈酸含量7.44%，硬脂酸含量2.27%。

5. 主要栽培技术要点

（1）选地：造林地应选择海拔500m以下的低山丘陵或平原地区，选择阳光充足、坡度25°以下、土层厚80～100cm、排水良好、交通便利的酸性土壤。

（2）整地：一般在栽植前一个多月应把地整好。坡度较大的采取块状整地，缓坡上采取带状整地方式，每亩一般栽植75～90株，即株距为2.5～3m，行距3m，各地可因地制宜地确定种植密度。整穴时应以表土返穴，适当施入以磷为主的复合肥0.5～1斤[①]或有机肥5斤左右。

（3）栽植：一般在立春到雨水间栽植最好。苗木应保持根系湿润，切忌风吹日晒。栽种时要做到苗木扶正、根系舒展、分层踩紧、根土密接，再覆盖松土。当年4月有条件的进行覆盖，覆盖物以稻草、芒箕为主。

（4）幼林抚育：油茶栽后第一年内应重点抚育2次，分别在5～6月和9～10月进行，实施以除草和壅土为主的抚育，不宜松土。此外，应视旱情加强浇水抗旱和遮阳工作。第二年后，每年全面或带状抚育2次。

（5）施肥：冬季施用农家肥或有机肥料，早春可施速效肥。

（6）注意事项：应使用优质苗木；选择适宜栽植时间，穴土细碎，

①1斤=0.5kg，下同。

栽直栽正，根系舒展，填土踏实，上覆松土；造林后1～3年内做好补植和修剪整形工作；施肥不可离树蔸太近；控制油茶早期结实，一般栽后第三年就会有开花结实的现象，应尽量摘除幼树的花芽和幼果，控制前4年的营养生长，保障树冠正常形成；适时采收。

6．适生栽培区域

最适栽培区为江西、广东、福建、广西等南方油茶中心产区。

该品种在广东的河源、梅州、韶关、惠州，福建龙岩、三明，广西桂林、玉林、柳州，江西吉安、抚州、赣南各县（市、区）等地均有较大面积栽培，均生长结实良好，适宜在这些地方推广应用。

图3-50　‘GLS赣州油1’树形

图3-51 ‘GLS赣州油1’枝叶特征

图3-52　‘GLS赣州油1’花部特征

图3-53 ‘GLS赣州油1’果序

图3-54 ‘GLS赣州油1’果实特征

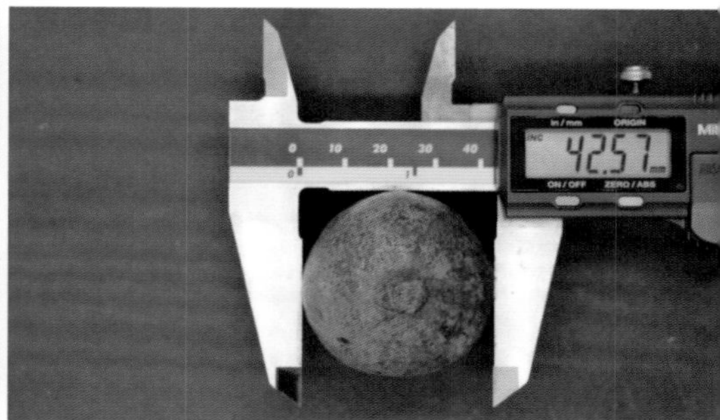

图3–55　‘GLS赣州油1’果实大小

图3–56　‘GLS赣州油1’果实和种子重量

（二）‘赣州油1’

1. 学名与来源

品种学名：*Camellia oleifera*‘Ganzhouyou 1’

别名：丰579

品种审定编号：国S-SC-CO-014-2008。

品种来源：原株产自江西省上犹县。

2. 主要植物学特征

树高2～3m，树冠直径约3m，树姿开张，树冠呈圆球形，小枝红褐色，树干灰褐色。叶片上斜着生，椭圆形，叶片较大，平均叶形指数2.21，叶面平展，深绿色带有光泽，脉络明显，侧脉7～8对，叶尖渐尖，叶缘疏锯齿，锐度较钝，叶基部近圆形，叶柄有毛，叶片平均长度56.34mm，平均宽度25.45mm，平均厚度0.31mm，平均叶面积10.04cm^2，百叶重36.44g；花期10月下旬到11月下旬，花白色，花瓣5～8瓣，倒卵形，先端凹缺，雄蕊数平均127个，花丝分散，柱头3裂，裂位中部或上部；果为霜降籽类型，果熟期10月下旬，果实圆球状，平均横径40.12mm，平均纵径39.16mm，果形指数为1.02，果皮青色，基部与果柄连接处微凸，果顶有3～5条凹槽。

3. 典型识别特征

树姿开张，树冠圆球形，叶片深绿色带有光泽，脉络明显，果实圆球状，基部与果柄连接处微凸。

4. 主要经济性状

中果类型，平均单果重35.40g，果皮厚度3.60mm，子房室数多为3，单果籽粒数平均为4.9粒，种子百粒重333.10g，鲜果出籽率42.96%，干出籽率50.80%，干籽出仁率63.07%，干仁含油率49.67%。种子油的油酸含量82.18%，亚油酸含量8.98%，亚麻酸含量0.31%，棕榈酸含量6.46%，硬脂酸含量1.27%。

5. 主要栽培技术要点

（1）选地：造林地应选择海拔500m以下的低山丘陵或平原地区，选择阳光充足、坡度25°以下、土层厚80～100cm、排水良好、交通便利的酸性土壤。

（2）整地：一般在栽植前一个多月应把地整好。坡度较大的采取块状整地，缓坡上采取带状整地方式，每亩一般栽植75～90株，即株距为2.5～3m，行距3m，各地可因地制宜地确定种植密度。整穴时应以表土返穴，适当施入以磷为主的复合肥0.5～1斤或有机肥5斤左右。

（3）栽植：一般在立春到雨水间栽植最好。苗木应保持根系湿润，切忌风吹日晒。栽种时要做到苗木扶正、根系舒展、分层踩紧、根土密接，再覆盖松土。当年4月有条件的进行覆盖，覆盖物以稻草、芒萁为主。

（4）幼林抚育：油茶栽后第一年内应重点抚育2次，分别在5～6月和9～10月进行，实施以除草和壅土为主的抚育，不宜松土。此外，应视旱情加强浇水抗旱和遮阳工作。第二年后，每年全面或带状抚育2次。

（5）施肥：冬季施用农家肥或有机肥料，早春可施速效肥。

（6）注意事项：应使用优质苗木；选择适宜栽植时间，穴土细碎，栽直栽正，根系舒展，填土踏实，上覆松土；造林后1～3年内做好补植和修剪整形工作；施肥不可离树蔸太近；控制油茶早期结实，一般栽后第二年就会有开花结实的现象，应尽量摘除幼树的花芽和幼果，控制前4年的营养生长，保障树冠正常形成；适时采收。

6. 适生栽培区域

最适栽培区为江西、广东、福建、广西等南方油茶中心产区。

该品种在广东的河源、梅州、韶关、惠州，福建龙岩、三明，广西桂林、玉林、柳州，江西吉安、抚州、赣南各县（市、区）等地均有较大面积栽培，均生长结实良好，适宜在这些地方推广应用。

图3-57 ‘赣州油1’树形

图3-58‘赣州油1’枝叶特征

图3-59 ‘赣州油1’花部特征

图3-60 ‘赣州油1’果实特征

图3–61　‘赣州油1’果实大小

图3–62　‘赣州油1’果实和种子重量

五、外省其他油茶系列品种

除上述介绍的系列油茶品种外，还有非核心产区各省培育的区域性油茶栽培品种。

（一）南部产区油茶系列品种

广东省培育的油茶栽培品种有‘粤韶’和‘粤连’系列品种（韶关市林科所选育），‘璠龙’系列品种（广东璠龙农业科技发展有限公司和华南农业大学共同选育），其中‘璠龙’系列品种属认定品种，有待进一步审定。海南省培育的油茶栽培品种有‘琼东’系列品种（东山金茂苗木有限公司选育）、‘海油’系列品种（中南林业科技大学选育）和‘海大’系列品种（海南大学选育），全部是越南油茶品种，由于培育时间短，这些品种均为认定品种，有待进一步审定。

（二）东部产区油茶系列品种

浙江省培育的油茶栽培品种除‘长林’系列外，还有‘浙林’系列品种，由浙江省林业科学研究院选育。福建省培育的油茶栽培品种有‘闽’系列品种、‘龙仙’系列品种（福建林业科学研究院选育）、‘福林’系列品种（福建农林大学选育）。其中‘闽’系列品种和‘福林’系列品种为普通油茶，‘龙仙’系列品种为小果油茶。

（三）北部产区油茶系列品种

湖北省培育的油茶栽培品种有‘鄂油’系列品种（湖北林业科学研究院选育）和‘阳新’（湖北省林木种苗站和林业推广技术中心选育）。安徽省培育的油茶栽培品种有‘黄山’系列品种（安徽省黄山市林科所选育）和‘大别山’（德昌公司选育）系列品种。陕西省培育的油茶栽培品种有‘汉油’系列品种，由陕西省汉中市南郑县林业站选育。

（四）西部产区油茶系列品种

云南省培育的油茶栽培品种有‘云油茶’系列品种（云南省林业科学研究院选育）和‘腾冲1号’系列品种（保山市林业技术推广总站选育），‘云油茶’系列品种为普通油茶，‘腾冲’系列品种为滇山茶。贵州省培育的油茶栽培品种有‘黎平’‘黔油’‘黔王’等系列。重庆市培育的油茶栽培品种有‘渝林油’系列。四川省培育的油茶栽培品种主要有‘川’字系列和‘江安’系列。除云南省外，以上所有品种也均为认定品种，有待审定。

第四章

油茶栽培品种的准确选择使用

根据我国的地形地貌、气候生态条件、油茶资源分布丰度和油茶栽培适宜程度，可将我国划分为5大油茶产区，即油茶核心栽培区、油茶东部产区、油茶南部产区、油茶西部产区和油茶北部产区。不同产区应选择不同的油茶栽培品种。

一、油茶核心产区栽培品种的选择使用

油茶核心产区是指武陵山以东、武夷山以西、桂林和韶关以北、湖南和江西北界以南的区域，包括湖南和江西的全境、广西的大部分和广东小部分，其中湖南、江西和广西3个省份的油茶栽培面积约4400万亩，占全国油茶栽培面积的三分之二以上，是我国无可争议的油茶核心产区。

该区域主要地貌类型为丘陵，光照充足，温度适宜，气候条件优越；而且该区域具有悠久的油茶栽培利用历史，喜欢食用茶油，并有经营油茶林的传统习惯，是我国油茶产业最适宜发展地区。

该区域油茶资源以栽培普通油茶为主，有极少量的小果油茶、攸县油茶、浙江红花油茶和多齿红山茶栽培。普通油茶种质资源最为丰富，选育的经国家级审定的油茶栽培品种最多，单位面积产量最高。‘华字’以及‘湘林’‘赣无’‘岑软’‘赣州油’等系列的所有品种和部分‘长林’系列品种均源于此区域。

以南岭山脉为界，油茶核心产区又可分为湖南、江西核心产区与广西粤北核心产区，其中湖南、江西核心产区体量最大，占全国油茶栽培面积的60%以上，广西约占10%，绝大部分油茶栽培分布于丘陵地区，少部分位于山区。

湖南、江西核心产区可选用的品种为‘华’字系列、‘湘林’系列、‘赣无’系列、‘赣州油’系列和‘长林’系列的主栽品种，尽可能使

用本书中作为主栽品种介绍的品种，其他品种的应用都要选择经过当地试种且表现优良的品种。

广西大部和广东北部可选用‘岑软’系列的主栽品种，广东北部也可选用‘赣州油’系列的主栽品种，还可选用经证明适宜发展的其他当地品种。

二、油茶东部产区栽培品种的选择使用

油茶东部产区是指武夷山和庐山山脉以东、南岭山脉以北、长江以南的东部沿海油茶栽培分布区域，包括浙江、福建和台湾等3个省的全部和安徽、江苏南部区域，但此区域的油茶栽培基本上都在浙江和福建，油茶栽培面积。

该区域地处东部沿海，受海洋性气候影响极大，降雨量大，气候条件比较优越，但区域山区面积大，光照条件比油茶核心产区稍差，是油茶产业较适宜发展的地区。

该区域油茶资源较为丰富，国家级审定的品种均为‘长林’系列。

以福建和浙江的省界为界可划分为浙江产区和福建产区，均以栽培普通油茶为主，但福建产区有较大面积的小果油茶栽培，浙江产区有少量的浙江红花油茶栽培。

浙江产区可选用‘长林’系列和‘浙林’系列的主栽品种，福建产区可选用‘闽’系列品种和‘福林’系列普通油茶的主栽品种，‘龙仙’系列小果油茶的主栽品种。

三、油茶南部产区栽培品种的选择使用

油茶南部产区是指云贵高原以东、南岭山脉以南的油茶栽培分布区域，包括广东大部分、广西小部分地区（南部）和海南的全境，栽

培面积近300万亩。

该区域地处南部沿海，受海洋性气候影响极大，降雨量大，年平均温度高，年生长期长，光照充足。因为温度过高，普通油茶不太适应在该区域发展。

广东省北部的栽培物种为普通油茶，广东和广西的南部地区主要栽培物种为越南油茶和南山茶（广宁红花油茶），海南省基本上都是越南油茶，近几年广西南部还在发展香花油茶。由于越南油茶选育时间短，目前还没有通过审定的主栽品种，只有部分认定品种。

以福建和浙江的省界为界可划分为浙江产区和福建产区，均以栽培普通油茶为主，但福建产区有较大面积的小果油茶栽培，浙江产区有少量的浙江红花油茶栽培。

浙江产区可选用‘长林’系列和‘浙林’系列的主栽品种，福建产区可选用‘闽’系列品种和‘福林’系列普通油茶的主栽品种，‘龙仙’系列小果油茶的主栽品种。

四、油茶西部产区栽培品种的选择使用

油茶西部产区是指青藏高原以东、云贵高原以西、长江以南的油茶栽培分布区域，包括云南、贵州、四川和重庆的全境。 该区域地处西南，山地较多，海拔较高，年平均气温较低，是较为适合普通油茶和滇山茶的发展区域，栽培面积约600万亩。

该区域的主要栽培物种为普通油茶，在云南有部分滇山茶物种栽培。该区域各省都没有国家级审定品种，云南的‘云南油’系列品种和‘腾冲1号’（滇山茶）为省级审定品种，其他各省只有省级认定品种。该区域还有必要加快完成当地选育品种的区域化试验和授粉品种配置的试验以及引进品种试验，做好主要栽培品种的筛选优化工作，

尽快提升该区域的良种化水平。

五、油茶北部产区栽培品种的选择使用

油茶北部产区是指青藏高原以东、长江以北、秦岭淮河以南的油茶栽培分布区域，包括湖北、安徽、河南、陕西等。该区域处于油茶栽培分布的北缘，年均温较低，油茶生长速度较慢，树体相对矮小，是较为适合普通油茶的发展区域。

该区域的栽培物种为普通油茶。该区域各省都没有国家级油茶审定品种，湖北‘鄂林’系列、安徽‘黄山’和‘大别山’系列、陕西‘汉油’系列品种等为各省选育的省级审定品种。该区域还有必要加快完成当地早花、抗寒品种的选育和区域化试验，做好现有引进品种的筛选优化工作，尽快提升该区域的良种化水平。

六、油茶主要栽培品种与授粉品种的组合配置

油茶属于自交不亲和树种，为保障油茶主栽品种的正常结实，必须配置花期相遇、异交亲和性高的授粉品种。最优的配置方式是满足花期相遇、异交亲和性高的基本条件，而且授粉品种也是主栽品种、可相互进行异花授粉的两两品种配置方式。但由于相关研究还不完善，绝大多数油茶主栽品种还未能实现，一般采用多品种组合，只有极少数品种系列如‘华’字系列可以两两品种配置方式。

（一）‘华’字系列主栽品种的授粉品种的两两配置方式

‘华金’与‘华鑫’都是‘华’字系列主栽品种，开花比较早，‘华金’开花较‘华鑫’早，但两个品种的盛花期有一段时间重叠，即该两个品种花期相遇，而且相互授粉坐果率高，是最合适的两两品种配

置方式。‘华硕’是‘华’字系列的主栽品种，开花很晚；‘XLC15’是‘湘林’系列的主栽品种，开花稍晚于‘华硕’，两个品种的盛花期有一段时间重叠，而且相互授粉坐果率高，也是非常合适的两两品种配置方式。

主栽品种：‘华金’，授粉品种：‘华鑫’。

主栽品种：‘华鑫’，授粉品种：‘华金’。

主栽品种：‘华硕’，授粉品种：‘XLC15’（即‘茶陵166’）。

（二）‘湘林’系列主栽品种的多品种相互授粉配置方式

尚未建立两两品种的配置模式，现采用多品种组合配置模式。

主栽品种：‘湘林1’，授粉品种：‘湘林27’‘湘林40’。

主栽品种：‘湘林27’，授粉品种：‘湘林1’。

主栽品种：‘XLC15’，授粉品种：‘华硕’。

（三）‘长林’系列主栽品种的多品种相互授粉配置方式

尚未建立两两品种的配置模式，现采用多品种组合配置模式。

主栽品种：‘长林4’，授粉品种组合：‘长林18’‘长林40’‘长林53’。

主栽品种：‘长林40’，授粉品种组合：‘长林4’‘长林53’。

主栽品种：‘长林53’，授粉品种组合：‘长林3’‘长林18’。

（四）‘赣无’系列主栽品种的多品种相互授粉配置方式

尚未建立两两品种的配置模式，现采用多品种组合配置模式。

主栽品种：‘赣无1’，授粉品种组合：‘赣石84–8’‘赣石83–1’‘赣71’。

主栽品种：‘赣无2’，授粉品种组合：‘赣抚20’‘赣兴46’‘赣无11’。

主栽品种：‘赣石84–8’，授粉品种组合：‘赣无1’‘赣6’‘赣70’。

主栽品种：‘赣兴48’，授粉品种组合：‘赣8’‘赣无11’。

（五）‘岑软’系列主栽品种的多品种相互授粉配置方式

尚未建立两两品种的配置模式，现采用多品种组合配置模式。

主栽品种：‘岑软2’，授粉品种组合：‘岑软3’‘岑软11’‘岑软22’‘岑软24 ’。

主栽品种：‘岑软3’，授粉品种组合：‘岑软2’‘岑软11’‘岑软22’‘岑软24 ’。

（六）‘赣州油’系列主栽品种的多品种相互授粉配置方式

尚未建立两两品种的配置模式，现采用多品种组合配置模式。

主栽品种：‘赣州油1号’，授粉品种组合：‘GLS赣州油5号’‘赣州油8号’。

主栽品种：‘GLS赣州油1号’，授粉品种组合：‘GLS赣州油2号’‘GLS赣州油4号’。

附件1　全国油茶主推品种名录

（2017年国家林业局推荐，仅供参考）

湖南省			
序号	品种名称	审（认）定良种编号	使用区域
1	‘华硕’	国S-SC-CO-011-2009	湖南省油茶适生区
2	‘华金’	国S-SC-CO-010-2009	湖南省油茶适生区
3	‘华鑫’	国S-SC-CO-009-2009	湖南省油茶适生区
4	‘湘林1号’	国S-SC-CO-013-2006	湖南省油茶适生区
5	‘湘林27号’	国S-SC-CO-013-2009	湘东、湘中、湘南
6	‘湘林63号’	国S-SC-CO-034-2011	湘西、湘中、湘南、湘北
7	‘湘林67号’	国S-SC-CO-015-2009	湘东、湘中
8	‘湘林78号’	国S-SC-CO-035-2011	湘东、湘中
9	‘湘林97号’	国S-SC-CO-019-2009	湖南省油茶适生区
10	‘湘林210号’	国S-SC-CO-015-2006	湖南省油茶适生区
11	‘衡东大桃2号’	湘S-SC-CO-003-2012	湘东、湘中、湘南
12	‘湘林117号’	湘S-SC-CO-055-2010	湘北（寒露籽）
13	‘湘林124号’	湘S-SC-CO-057-2010	湘北（寒露籽）
14	‘常德铁城一号’	湘S0801-Co2	湘北（寒露籽）
江西省			
序号	品种名称	审（认）定良种编号	使用区域
1	‘长林4号’	国S-SC-CO-006-2008	江西省油茶适生区
2	‘长林40号’	国S-SC-CO-011-2008	江西省油茶适生区

（续）

江西省			
序号	品种名称	审（认）定良种编号	使用区域
3	‘长林53号’	国S–SC–CO–012–2008	江西省油茶适生区
4	‘赣无2’	国S–SC–CO–026–2008	江西赣东、赣西、赣北、赣中
5	‘赣70’	国S–SC–CO–025–2010	江西赣东、赣西、赣中
6	‘赣兴48’	国S–SC–CO–006–2007	江西赣东、赣南
7	‘赣石84–8’	国S–SC–CO–003–2007	江西赣南、赣西、赣北
8	‘赣石83–4’	国S–SC–CO–025–2008	江西赣南、赣西、赣北、赣中
9	‘赣8’	国S–SC–CO–020–2008	江西赣中
10	‘GLS赣州油1号’	国S–SC–CO–012–2002	江西赣南河东与河西片区
11	‘GLS赣州油2号’	国S–SC–CO–013–2002	江西赣南河东与河西片区
12	‘赣州油1号’	国S–SC–CO–014–2008	江西赣南河东与河西片区
13	‘GLS赣州油5号’	国S–SC–CO–010–2007	江西赣南河东与河西片区
14	‘赣州油7号’	国S–SC–CO–017–2008	江西赣南河东与河西片区
15	‘长林3号’	国S–SC–CO–012–2008	江西省油茶适生区
16	‘长林18号’	国S–SC–CO–007–2008	江西省油茶适生区
17	‘赣抚20’	国S–SC–CO–004–2007	江西赣东
18	‘赣无1’	国S–SC–CO–007–2007	江西赣北
19	‘赣石84–3’	国S–SC–CO–023–2008	江西省油茶适生区
20	‘赣无12’	国S–SC–CO–026–2010	江西省油茶适生区
21	‘GLS赣州油4号’	国S–SC–CO–009–2007	江西赣南河东片区
22	‘赣州油6号’	国S–SC–CO–016–2008	江西赣南河西片区
23	‘赣州油8号’	国S–SC–CO–018–2008	江西赣南河西片区
24	‘赣州油9号’	国S–SC–CO–019–2008	江西赣南河西片区

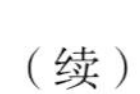
（续）

江西省			
序号	品种名称	审（认）定良种编号	使用区域
25	‘赣州油10号’	赣S-SC-CO-016-2003	江西省油茶适生区
广西壮族自治区			
序号	品种名称	审（认）定良种编号	使用区域
1	‘岑软3号’	国S-SC-CO-002-2008	广西油茶适生区
2	‘岑软24号’	桂S-SC-CO-003-2016	广西油茶适生区
3	‘岑软11号’	桂S-SC-CO-001-2016	广西桂中、桂北适生区
4	‘岑软3-62’	桂S-SC-CO-011-2015	广西桂中、桂北适生区
5	‘岑软22号’	桂S-SC-CO-002-2016	广西桂北适生区区
6	‘岑软2号’	国S-SC-CO-001-2008	广西桂南、桂中适生区
7	‘岑软ZJ24’	桂S-SC-CO-010-2015	广西桂中适宜区
8	‘岑软ZJ11’	桂S-SC-CO-008-2015	广西桂南适宜区
9	‘岑软ZJ14’	桂S-SC-CO-009-2015	广西桂南适宜区
浙江省			
序号	品种名称	审（认）定良种编号	使用区域
1	‘长林4号’	国S-SC-CO-006-2008	浙江省油茶适生区
2	‘长林40号’	国S-SC-CO-011-2008	浙江省油茶适生区
3	‘长林53号’	国S-SC-CO-012-2008	浙江省油茶适生区
4	‘长林18号’	国S-SC-CO-007-2008	浙江省油茶适生区
5	‘长林3号’	国S-SC-CO-005-2008	浙江省油茶适生区
6	‘长林23号’	国S-SC-CO-009-2008	浙江省油茶适生区
7	‘浙林2号’	浙S-SC-CO-012-1991	浙江省油茶适生区

（续）

浙江省			
序号	品种名称	审（认）定良种编号	使用区域
8	‘浙林5号’	浙S–SC–CO–004–2009	浙江省油茶适生区
9	‘浙林6号’	浙S–SC–CO–005–2009	浙江省油茶适生区
10	‘浙林8号’	浙S–SC–CO–007–2009	浙江省油茶适生区
11	‘浙林1号’	浙S–SC–CO–011–1991	浙江省油茶适生区
12	‘浙林10号’	浙S–SC–CO–009–2009	浙江省油茶适生区
安徽省			
序号	品种名称	审（认）定良种编号	使用区域
1	‘长林4号’	国S–SC–CO–006–2008	安徽省油茶适生区
2	‘长林18号’	国S–SC–CO–007–2008	安徽省油茶适生区
3	‘长林40号’	国S–SC–CO–011–2008	安徽省油茶适生区
4	‘长林53号’	国S–SC–CO–012–2008	安徽省油茶适生区
5	‘黄山1号’	皖S–SC–CO–002–2008	皖南地区
6	‘黄山2号’	皖S–SC–CO–010–2014	皖南地区
7	‘黄山6号’	皖S–SC–CO–013–2014	皖南地区
8	‘大别山1号’	皖S–SC–CO–022–2014	皖江淮及大别山区
福建省			
序号	品种名称	审（认）定良种编号	使用区域
1	‘油茶闽43’	闽S–SC–CO–005–2008	福建省油茶适生区
2	‘油茶闽48’	闽S–SC–CO–006–2008	福建省油茶适生区
3	‘油茶闽60’	闽S–SC–CO–007–2008	福建省油茶适生区
4	‘油茶闽20’	闽S–SC–CO–006–2011	福建省油茶适生区

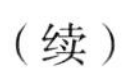

（续）

福建省			
序号	品种名称	审（认）定良种编号	使用区域
5	‘油茶闽79’	闽S-SC-CO-007-2011	福建省油茶适生区
6	‘龙仙1’	闽S-SC-CO-026-2011	福建省油茶适生区
7	‘龙仙2’	闽S-SC-CO-027-2011	福建省油茶适生区
8	‘龙仙3’	闽S-SC-CO-028-2011	福建省油茶适生区
河南省			
序号	品种名称	审（认）定良种编号	使用区域
1	‘长林4号’	国S-SC-CO-006-2008	河南省油茶适生区
2	‘长林18号’	国S-SC-CO-007-2008	河南省油茶适生区
3	‘长林40号’	国S-SC-CO-011-2008	河南省油茶适生区
4	‘长林53号’	国S-SC-CO-012-2008	河南省油茶适生区
5	‘长林3号’	国S-SC-CO-005-2008	河南省油茶适生区
6	‘长林23号’	国S-SC-CO-009-2008	河南省油茶适生区
7	‘长林27号’	国S-SC-CO-010-2008	河南省油茶适生区
湖北省			
序号	品种名称	审（认）定良种编号	使用区域
1	‘长林40号’	国S-SC-CO-011-2008	湖北省油茶适生区
2	‘长林4号’	国S-SC-CO-006-2008	湖北省油茶适生区
3	‘长林3号’	鄂S-SC-CO-004-2012	湖北省油茶适生区
4	‘鄂林油茶151’	鄂S-SC-CO-016-2002	湖北省油茶适生区
5	‘鄂林油茶102’	鄂S-SC-CO-017-2002	湖北省油茶适生区
6	‘湘林1’	国S-SC-CO-013-2006	湖北省鄂南、鄂西南

（续）

湖北省			
序号	品种名称	审（认）定良种编号	使用区域
7	‘湘林XLC15’	国S-SC-CO-015-2006	湖北省鄂南、鄂西南
8	‘阳新米茶202号’	鄂S-SC-CO-006-2012	湖北省鄂南
9	‘阳新桐茶208号’	鄂S-SC-CO-007-2012	湖北省鄂南、鄂西南
10	‘鄂油465号’	鄂S-SC-CO-002-2008	湖北省鄂东南、鄂北
11	‘谷城大红果8号’	鄂S-SC-CO-005-2013	湖北省鄂北

广东省			
序号	品种名称	审（认）定良种编号	使用区域
1	‘岑软2号’	国S-SC-CO-001-2008	广东省油茶适生区
2	‘岑软3号’	国S-SC-CO-002-2008	广东省油茶适生区
3	‘粤韶75-2’	粤S-SC-CO-019-2009	广东省韶关地区
4	‘粤韶77-1’	粤S-SC-CO-020-2009	广东省韶关地区
5	‘粤韶74-1’	粤S-SC-CO-018-2009	广东省韶关地区
6	‘湘林1’	国S-SC-CO-013-2006	广东省韶关地区，梅州、河源地区
7	‘湘林XLC15’	国S-SC-CO-015-2006	广东省韶关地区，梅州、河源地区
8	‘长林40号’	国S-SC-CO-011-2008	广东省梅州、河源地区
9	‘赣州油1号’	国S-SC-CO-014-2008	广东省梅州、河源地区
10	‘赣兴48’	国S-SC-CO-006-2007	广东省梅州、河源地区
11	‘粤连74-4’	粤S-SC-CO-021-2009	清远地区
12	‘粤连74-5’	粤S-SC-CO-019-2009	清远地区
13	‘璠龙5号’	粤R-SC-CD-004-2016	粤东地区
14	‘璠龙3号’	粤R-SC-CD-003-2016	粤东地区

（续）

广东省			
序号	品种名称	审（认）定良种编号	使用区域
15	‘播龙1号’	粤R-SC-CD-002-2016	粤东地区
16	‘播龙2号’	粤R-SC-CD-001-2016	粤东地区

海南省			
序号	品种名称	审（认）定良种编号	使用区域
1	‘琼东2号’	琼R-SC-CO-001-2016	海南东、中、南、北部适生区
2	‘琼东8号’	琼R-SC-CO-002-2016	海南东、中、南、北部适生区
3	‘琼东9号’	琼R-SC-CO-003-2016	海南东、中、南、北部适生区
4	‘海油1号’	琼R-SC-CV-004-2016	海南东、中、南、北部适生区
5	‘海油2号’	琼R-SC-CV-005-2016	海南东、中、南、北部适生区
6	‘海油3号’	琼R-SC-CV-006-2016	海南东、中、南、北部适生区
7	‘海油4号’	琼R-SC-CV-007-2016	海南东、中、南、北部适生区
8	‘海大油茶1号’	琼R-SC-CV-008-2016	海南琼海油茶适生区
9	‘海大油茶2号’	琼R-SC-CV-009-2016	海南琼海油茶适生区

重庆市			
序号	品种名称	审（认）定良种编号	使用区域
1	‘渝林油1号’	渝S-ETS-CO-007-2015	重庆市油茶适生区
2	‘湘林210’	渝S-ETS-CO-008-2015	重庆市油茶适生区
3	‘长林3号’	渝S-ETS-CO-009-2015	重庆市油茶适生区
4	‘长林4号’	渝S-ETS-CO-010-2015	重庆市油茶适生区
5	‘长林53号’	渝S-ETS-CO-011-2015	重庆市油茶适生区

（续）

四川省			
序号	品种名称	审（认）定良种编号	使用区域
1	‘川林01’	川R-SC-CO-024-2009	四川省油茶适生区
2	‘达林—1’	川R-SC-CO-026-2009	四川东北部油茶适生区
3	‘江安—24’	川R-SC-CO-022-2010	江安县油茶适生区
4	‘江安—54’	川R-SC-CO-023-2010	江安县油茶适生区
5	‘翠屏—7’	川R-SC-CO-024-2010	宜宾翠屏区油茶适生区
6	‘川荣—153’	川R-SC-CO-030-2009	四川省油茶适生区
7	‘川荣—156’	川R-SC-CO-031-2009	四川省油茶适生区
8	‘川富—53’	川R-SV-CO-041-2013	自贡市油茶适生区

贵州省			
序号	品种名称	审（认）定良种编号	使用区域
1	‘湘林210号’	国S-SC-CO-015-2006	贵州东部、东南部油茶适生区
2	‘黔玉1号’	黔R-SC-CO-08-2014	贵州东部油茶适生区
3	‘黔碧1号’	黔R-SC-CO-10-2014	贵州东部油茶适生区
4	‘长林4号’	国S-SC-CO-006-2008	贵州东南部油茶适生区
5	‘黎平2号’	黔R-SC-CM-04-2014	贵州东南部油茶适生区
6	‘黎平3号’	黔R-SC-CM-05-2014	贵州东南部油茶适生区
7	‘长林3号’	国S-SC-CO-005-2008	贵州东南部油茶适生区
8	‘长林40号’	国S-SC-CO-011-2008	贵州东南部油茶适生区
9	‘湘林97’	国S-SC-CO-019-2009	贵州东部、东南部油茶适生区
10	‘湘林27’	国S-SC-CO-013-2009	贵州东部、东南部油茶适生区
11	‘黔油1号’	黔R-SC-CO-005-2016	贵州西南部油茶适生区
12	‘黔油2号’	黔R-SC-CO-006-2016	贵州西南部油茶适生区

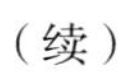
（续）

贵州省			
序号	品种名称	审（认）定良种编号	使用区域
13	‘黔油3号’	黔R-SC-CO-007-2016	贵州西南部油茶适生区
14	‘黔油4号’	黔R-SC-CO-008-2016	贵州西南部油茶适生区
15	‘望油1号’	黔R-SC-CO-12-2014	贵州西南部油茶适生区
云南省			
序号	品种名称	审（认）定良种编号	使用区域
1	‘云油茶3号’	云S-SV-CO-002-2016	云南滇东南油茶适生区
2	‘云油茶4号’	云S-SV-CO-003-2016	云南滇东南油茶适生区
3	‘云油茶9号’	云S-SV-CO-004-2016	云南滇东南油茶适生区
4	‘云油茶13号’	云S-SV-CO-005-2016	云南滇东南油茶适生区
5	‘云油茶14号’	云S-SV-CO-006-2016	云南滇东南油茶适生区
6	‘腾冲1号’	云S-SC-CR-010-2014	云南滇西油茶适生区
陕西省			
序号	品种名称	审（认）定良种编号	使用区域
1	‘长林40号’	S-SC-CO-011-2008	陕西省南部油茶适生区
2	‘长林4号’	S-SC-CO-006-2008	陕西省南部油茶适生区
3	‘长林18号’	S-SC-CO-007-2008	陕西省南部油茶适生区
4	‘汉油7号’	陕S-SC-CH-008-2016	陕西省南部油茶适生区
5	‘汉油10号’	陕S-SC-CH10-009-2016	陕西省南部油茶适生区
6	‘亚林所185号’	陕S-ETS-CY-010-2016	陕西省南部油茶适生区
7	亚林所228号	陕S-ETS-CY228-011-2016	陕西省南部油茶适生区

附件2　油茶栽培品种配置技术规程

ICS 65.020.20
B66

中华人民共和国林业行业标准

LY/T 2678-2016

油茶栽培品种配置技术规程

Collocation Technical Regulations of Cultivars of Oiltea Camellia

（标准发布稿）

本电子版为标准发布稿，请以中国标准出版社出版的正式标准文本为准

2016-07-27 发布　　2016-12-01 实施

国家林业局　发布

LY/T 2678—2016

目 次

LY/T 2678—2016

前 言

本标准根据 GB/T 1.1-2009 给出的规则起草。

本标准由中南林业科技大学提出。

本标准由全国经济林产品标准化技术委员会归口。

本标准起草单位：中南林业科技大学、中国林业科学研究院亚热带林业研究所、湖南省林业科学院、江西省林业科学院、广西壮族自治区林业科学研究院、湖北省林业科学研究院、江西赣州市林业科学研究所。

请注意本文见的某些内容可能涉及专利，本文件的发布机构不承担识别这些专利的责任。

本标准主要起草人：谭晓风，袁德义，袁军，姚小华，陈隆生，徐林初，马锦林，邓先珍，吴延旭

LY/T 2678—2016

油茶栽培品种配置技术规程

1 范围

本标准规定了油茶(*Camellia oleifera* Abel.)栽培品种配置的原则、品种选择、推荐组合、比例、方法等技术要求。

本标准适用于全国油茶产区。

2 规范性引用文件

下列文件对于本文件的应用是必不可少的。凡是注日期的引用文件，仅注日期的版本适用于本文件。凡是不注日期的引用文件，其最新版本（包括所有的修改单）适用于本文件。

GB/T 15776 造林技术规程

LY/T1328 油茶栽培技术规程

3 术语和定义

下列术语和定义适用于本标准。

3.1 主栽品种 Main cultivaies

经过国家或省级林木品种审定委员会审(认)定的，在新造林中用做主要造林群体、比例较大、数量较多的品种。

3.2 配置品种 Submain cultivaies

与主栽品种亲和性高，花粉质量高、数量大，并具有较好丰产性能的品种。

3.2 广亲和品种 Cultivars with wide compatibility

花粉量较大、与10个以上国家或省级林木品种审定委员会审(认)定的具有较高可配性的主栽品种或配置品种。

3.3 品种配置 Cultivar arrangement

对主栽品种、配置品种进行选择，并按合理比例和方法进行种植。

4 品种配置的原则

4.1 花期相遇原则

主栽品种与配置品种的盛花期一致。

4.2 高亲和性原则

主栽品种与配置品种之间可相互授粉，并能正常受精和坐果结实。

4.3 品种数量宜少原则

主栽品种与配置品种的总数量不要超过 4 个，且所有品种均能完成正常的授粉受精和坐果结实，最好选择 2 个品种进行配置，其次是 3 个品种，再次是 4 个品种。

5 品种选择

5.1 主栽品种的选择

国家或各省（市、区）审（认）定的油茶良种，适生性强，经济效益高。

5.2 配置品种的选择

与主栽品种花期一致，亲和力高；花粉量大，花粉活力高。

6 配置组合

6.1 主要栽培品种配置推荐组合见附录 A。

6.2 其他品种在开展授粉试验的基础上，符合 4 和 5 中规定的品种组合。

6.3 主栽品种和配置品种比例宜为 3:1~ 4:1。

7 配置方法

7.1 行状配置

主栽品种和配置品种按行进行配置，一行种植一个品种。

7.2 带状配置

主栽品种和配置品种按带进行配置，每带栽植一个品种，包含 2~4 行。

7.2 小块状配置

主栽品种和配置品种根据地块形状进行配置，一个地块栽植一个品种，但一个地块一般不超过 3 亩。

8 其他事项

8.1 林地放蜂

可以在林地养蜂促进油茶授粉，所需的蜜蜂数量要根据油茶林地大小、栽培品种、栽植密度、气象条件而定，一般 10 亩左右放置 1 箱蜂。

8.2 保护授粉昆虫

尽量保护地蜂等授粉昆虫，严禁在花期喷施除草剂、农药等。

LY/T 2678—2016

附录 A 主要油茶栽培品种配置推荐组合

品种系列	主栽品种	配置品种
‘华’字系列	‘华硕’	‘湘林 XLC15’、‘华金’、‘华鑫’
	‘华硕’	‘湘林 XLC15’、‘华鑫’
	‘华硕’	‘湘林 XLC15’、‘华金’
‘长林’系列	‘长林 4 号’	‘长林 18 号’、‘长林 40 号’、‘长林 53 号’
	‘长林 40 号’	‘长林 4 号’、‘长林 53 号’
	‘长林 53 号’	‘长林 3 号’、‘长林 18 号’
‘亚林’系列	‘亚林 1 号’	‘亚林 4 号’、‘亚林 9 号’
‘湘林’系列	‘湘林 1 号’	‘湘林 210’、‘湘林 40’、‘湘林 27’
	‘湘林 51’	‘湘林 89’、‘湘林 63’
	‘湘林 64’	‘湘林 56’、‘湘林 82’
‘赣无’系列	‘赣无 1’	‘赣石 84-8’、‘赣石 83-1’、‘赣 71’
	‘赣石 84-8’	‘赣无 1’、‘赣 6’、‘赣 70’
	‘赣无 2’	‘赣抚 20’、‘赣兴 46’、‘赣无 11’
	‘赣兴 48’	‘赣 8’、‘赣无 11’
‘桂’系列	‘桂无 3 号’	桂无 2 号、桂无 4 号、桂无 5 号
	‘桂普 32 号’	桂普 101、岑软 2 号、岑软 3 号
‘岑软’系列	‘岑软 2 号’	岑软 3 号、岑软 11 号、岑软 22 号、岑软 24 号
	‘岑软 3 号’	岑软 2 号、岑软 11 号、岑软 22 号、岑软 24 号
	‘岑软 24 号’	岑软 3 号、岑软 11 号、岑软 22 号
‘赣州油’系列	‘GLS 赣州油 1 号’	‘GLS 赣州油 2 号’、‘GLS 赣州油 4 号’
	‘赣州油 1 号’	‘GLS 赣州油 5 号’、‘赣州油 8 号’
	‘GLS 赣州油 5 号’	‘赣州油 7 号’、‘赣州油 9 号
‘鄂油’系列	‘鄂油 151’	‘鄂油 63 号’、‘鄂油 81 号’、‘长林 18’
	‘鄂油 102’	‘鄂油 81’、‘长林 27’
	‘鄂油 54’	‘鄂油 63’、‘长林 4’、‘长林 27’